나는
곰팡이다

나는
곰팡이다

정다운 지음

곰 박사의 유쾌한 곰팡이 탐구

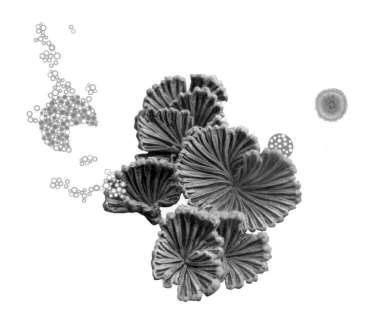

너머학교

차례

3. 병도 주고 약도 주는 우리

4. 균류학자의 친구–실험실의 곰팡이들

첫인사

내 이름은 아스퍼질러스 니둘란스.^{그림 1} 나는 곰팡이다. 여러분의 조상님은 곰팡이를 '곰'이라고 불렀다. 그래서 '곰이 피다.'라고 하면 '곰팡이가 피다.'라는 뜻이었다. 이 '곰'이라는 글자가 '피다'의 어간과, 작은 것을 뜻하는 '앙이'라는 접미사와 결합하여 오늘날 우리를 지칭하는 낱말이 되었다.

곰팡이라고 하면 무엇이 떠오르는지? 습하고 햇볕이 잘 들지 않는 방 벽지에서 자라난 검푸른 자국? 식탁 위에 며칠째 있던 식빵 위의 푸른 얼룩은 어떤가?

여러분은 잘 모르는 누군가의 별명이 곰팡이라는 말을 들으면, 그 사람이 멋진 영화배우를 닮았다거나 이성에게 인기가 많을 것이라고는 상상하지 않을 것

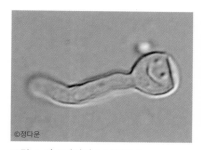

©정다운

그림 1. **아스퍼질러스 니둘란스**
현미경으로 관찰한 모습.

이다. 즉, 세상 사람들이 가지고 있는 우리에 대한 인상은 대개 좋지 않다. 아무리 너그럽게 얘기하더라도 우리는 강아지나 장미꽃처럼 사람들에게 사랑을 받는 생명체는 아니다. 하지만 세상에는 호기심을 가지고 우리를 진지하게 연구하는 사람들도 있다. 그들은 우리를 균류 또는 진균(단수형은 fungus, 복수형은 fungi)이라고 부르며, 우리를 연구하는 학문을 균학 또는 진균학이라고 한다. 하지만 이 책에서 나는 여러분에게 친숙하게 다가가기 위해 우리를 곰팡이라고 부르겠다.

왜 나는 여러분에게 우리를 소개하려는 것일까? 왜 여러분이 우리에 대해 관심을 갖길 바랄까? 우리는 여러분 주변 어디에나 존재하는 생물이다. 지금 이 책을 읽고 있는 여러분이 들이마시는 숨에도, 피부에도, 그리고 발이 닿은 바닥에도 우리는 존재한다. 눈에 띄지 않을 뿐 항상 여러분과 함께하기 때문에 여러분의 삶에 크든 작든 영향을 미친다. 사람들은 우리를 이용해서 만든 빵과 우리 몸의 일부인 버섯을 먹고, 우리가 발효시킨 술을 마신다. 또한 우리가 합성한 물질이 사람들의 질병을 치료하거나 산업 공정에 이용되기도 한다. 뿐만 아니라 우리 중 일부는 동식물 및 인체를 감염시켜 질병을 유발한다. 이처럼 우리는 식품, 농업, 산업, 의학 등 여러 방면에 걸쳐 사람들의 생활에 밀접하게 연관되어 있다.

꽤 길고 발음하기 어려운 내 이름, 아스퍼질러스 니둘란스는 학명이다. 학명이란 특정 생물을 일컬을 때 세계 공통으로 쓰는 과학적 명칭이다. 각 나라의 모국어로 우리를 부르는 경우도 있지만, 과학자들이 논문을 쓰거나 연구 결과를 발표할 때에는 학명을 부른다.

여러분의 이름과 비교해서 설명해 보면, '아스퍼질러스'가 성, '니둘란스'가 이름인 셈이다. '아스퍼질러스'는 천주교 신부님이 성수를 뿌릴 때에 사용하는 도구 '아스퍼질럼'에서 유래하였다. 내가 포자를 만들 때 필요한 기관이 있는데, 이를 현미경으로 들여다보면 아스퍼질럼과 비슷하게 생겼기 때문이다.그림 2

아스퍼질럼처럼 생긴 둥근 머리로부터 여러 가닥의 사슬 형태로 이어져 있는 동그라미들 각각이 바로 내가 만드는 포자이다. 포자는 얼마나 작을까? 나의 포자는 2∼3마이크로미터 크기인데, 1마이크로미터는 1밀리미터의 1,000분의 1을 뜻한다. 여러분의 눈은 최대 100마이크로미터(즉 0.1밀리미터)까지만 알아볼 수 있기 때문에 나의 포자 하나를 보려면 현미경을 이용해야 한다. 맨눈으로 보이는 벽지나 식빵의 곰팡이 얼룩에는 대개 수천만 개 이상의 포자가 모여 있는 것이다.

이 책을 통해 누가 대표로 여러분(사람)에게 우리(곰팡이)를 소개할 것인가를 놓고 치열한 경쟁이 있었

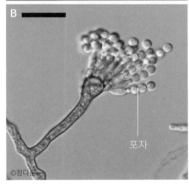

포자

그림 2. 이름의 유래
A 성수를 뿌리는 도구인 아스퍼질럼. B 포자형성기관. 포자형성기관 맨 끝에서 포자가 형성된다. 검은 직사각형은 10마이크로미터의 길이를 나타낸다.

다. 앞으로 자세히 살펴보겠지만, 우리는 수적인 면에서나 다양성 측면에서 엄청난 규모를 자랑한다. 사람들 개개인이 저마다 다른 특징을 지니듯 우리 곰팡이들도 서로 달라서, 어떤 곰팡이들은 사람들에게 소개되는 것에 큰 관심이 없는 반면 인체를 감염시키는 주요 곰팡이들이나 인류 역사에 큰 사건을 일으킨 식물병원성 곰팡이들, 혹은 사람들에게 사랑받는 식용 곰팡이들, 산업이나 의학 분야에 도움을 준 곰팡이들은 사람들에게 우리를 자세히 알려야 하며 심지어 꼭 자신들이 곰팡이를 대표해야 한다고 강력히 주장했다.

이런 상황에서 영광스럽게도 나 아스퍼질러스 니둘란스가 대표로 선택되었다! 그 이유가 뭐냐고? 나는 식물이나 동물을 감염시키지 않는 '순한' 곰팡이다. 아주 드물게 인체를 감염시키기도 하지만 대부분의 사람들에게 영향이 없다. 그래서 여러분에게 거부감을 주지 않으면서 친숙하게 다가갈 수 있다. 또한 나는 주로 토양이나 부식되는 유기물 더미에서 사는데, 내가 만든 포자는 가볍고 작기 때문에 공기 중에 떠다닌다. 즉, 여러분과 나는 일상생활에서 언제나 만나고 있다.

대표가 된 또 한 가지 중요한 이유. 나는 곰팡이계의 모델이기 때문이다. 여러분이 잘 아는 모델(패션 모델)의 의미와 하나의 생물로서 모델의 의미는 다르다. 나와 같은 '모델 생물'은 유사한 생물들을 대표한다. 예를 들어, 내 가족 중에는 인체를 감염시키거나, 독성 물질을 생성하거나, 질병 치료제를 만드는 구성원이 있는데, 사람들은 나를 연구함으로써 나의 가족들을 간접적으로 이해할 수 있다. 나와 내 가족은 유사한 점이 많기 때문이다. 나 이외에도 곰팡이계에는 여러 모델들이 활약하고 있다. 왜 우리와 같은 모델이 생겨났는지, 그리고 종류와 채택 기준은 어떠한지는 앞으로 이야기할 것이다.

이러한 사연을 통해 나는 이 책에서 여러분을 만나게 되었다. 우리에 대해 잘 알려야 한다는 부담감이 없진 않지만 그보다 여러분과 만나게 된 기쁨이 더 크다. 자, 이제 새로운 친구를 사귀는 마음으로 내 이야기를 즐겁게 들어 주기를……

곰 박사의 연구 노트 **여러분 주변에서 곰팡이를 찾아볼까요?**

곰팡이는 어디에나 있다는 말이 실감 나나요? 다음 사진들 속의 곰팡이를 만난 적이 있는지 떠올려 보세요.

왼쪽 위부터 피자의 양송이, 된장찌개의 표고와 팽이, 포도에 핀 곰팡이, 나무에서 자란 버섯, 곰팡이를 이용하여 발효시킨 맥주, 책에 핀 곰팡이.

1. 어디에나 있는, 우리는 곰팡이

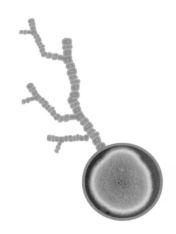

　여권이나 운전면허증과 같이 누군가의 존재를 증명하는 서류에는 그 사람의 사진이 포함되어 있다. 왜냐하면 외모는 그 사람을 대표하는 독특한 특성이기 때문이다. 오래된 식빵에 생긴 푸른 얼룩을 가리키며 "곰팡이다."라고 말할 수 있는 것도, 그 얼룩이 푸른곰팡이처럼 생겼기 때문이다.

　하지만 빵을 구울 때 사용하는 건조 이스트를 보여 주며, 그 갈색의 분말이 무엇인지 맞혀 보라고 한다면 과연 곰팡이라고 쉽게 대답할 수 있을까? 우리의 외모는 사람보다 훨씬 다양하고, 특히 외모에 상당한 자부심을 갖고 있는 곰팡이들도 있다. 이 장에서는 우리의 신체 구조를 포함한 다양한 생김새에 대해서 소개하겠다.

식물도, 동물도 아닌!

　세상에는 다양한 생물이 살고 있다. 세균부터 동식물, 나와 같은 곰팡이, 그리고 이 글을 읽고 있는 여러분도 인간이라는 생물이다. 생물이란 무엇일까? 이끼가 낀 바위를 생각해 보자. 이끼와 바위 모두 원자와 분자로 구성되어 있다. 이끼와 바위 중 어느 것이 생물일까? 바위는 비바람에 마모되긴 하지만 성장하거나 자손을 만들지 않는다. 이와 달리 이끼는 새롭게 형성되며 성장하고 생존을 위해 주변 환경에 적응한다. 생물은 하나 또는 그 이상의 세포로 이루어진 존재로, 대사 활동을 한다. 즉, 몸 밖에서 얻은 물질을 몸 안에서 분해하고 합성하여 생명 활동에 필요한 에너지를 얻는다. 또한 환경의 변화에 맞서 몸 안의 특성을 일정하게 유지하면서 생존 및 번식을 할 수 있다. 따라서 이끼는 생물이고, 바위는 무생물이다.

　우리 곰팡이는 어떤 생물에 속할까? 식물일까, 동물일까?

우리는 동물과 달리 움직이지 않으므로 식물처럼 보이기도 한다. 하지만 식물처럼 광합성을 해서 스스로 영양분을 만들지는 못한다. 우리의 특성을 좀 더 자세히 설명해 보겠다.

첫째, 우리의 세포에는 유전정보 물질인 DNADeoxyribo Nucleic Acid, 디옥시리보 핵산가 들어 있는 핵이라고 하는 특정 기관이 존재한다. 우리를 포함하여, 핵을 가진 세포로 구성되어 있는 생물을 진핵생물이라고 한다. 우리와 마찬가지로 여러분도 세포에 핵을 갖고 있는 진핵생물이다. 핵을 갖고 있지 않은 생물을 원핵생물이라고 하는데, 세균은 대표적인 원핵생물이다.

생물에는 세 가지 영역, 즉 고세균 영역, 진정세균 영역, 진핵생물 영역이 있는데, 진핵생물 영역은 다시 원생생물계, 식물계, 동물계, 균계로 분류된다. 우리는 바로 균계를 구성한다. 즉, 우리는 동물도 식물도 아닌 독립적인 생물 집단이다.

둘째, 우리는 포자를 통해 번식한다.

사람은 정자와 난자가 만나 수정이 되어야 태어날 수 있다. 이처럼 암수 배우자의 생식세포 수정을 통해 자손을 생산하는 방법을 '유성생식'이라고 한다. 그렇다면 포자에도 암수가 있을까? 포자는 암수로 구분할 수 없다. 포자는 싹을 틔우고(즉, 발아하고) 성장하여 그 일부가 생식에 필요한 기관으로 분화되며, 이로부터 다시 포자가 생성되는 주기를 반복한다. 이처럼 배우자 간의 짝지음 없이 한 개체가 자신과 동일한 유전정보를 가진 자손을 만드는 생식 방법을 '무성생식'이라고 한다.

그렇다고 모든 곰팡이들이 무성생식만을 하는 것은 아니다. 실제로 많은 곰팡이들이 무성생식뿐 아니라 유성생식을 하는데, 포자는 암수가 없으므로 교배형이라는 특정 체계에 따라 유성생식을 한다.

왜 어떤 곰팡이들은 굳이 복잡한 유성생식을 할까? 유성생식은 서로 다른 개체들의 특성이 결합되는 과정이다. 따라서 유전적으로 다양해진 자손들은 환경에 더 잘 적응할 수 있게 된다. 이와 같은 원리에서 평소에는 무성생식으로 자손을 번식하다가 극한 환경에 처하면 생존율을 높이기 위해 유성생식을 하는 곰팡이가 있다.

셋째, 우리는 스스로 영양분을 만들어 내지 못하기 때문에 외부 환경으로부터 영양분을 얻는다.

사람과 마찬가지로 우리도 외부로부터 음식물을 섭취해야 하지만, 우리는 여러분과 달리 입이 없다. 그래서 효소들을 몸밖으로 분비하여 주변의 음식물을 분해시킨 후 온몸으로 영양분을 흡수한다. 여러분이 빵이나 토마토에서 우리를 발견한다면 그건 우리가 그 음식들을 분해해 먹으면서 살고 있다는 뜻이다. 즉, 우리는 우리가 먹는 음식물 위에서 살고 있다!

넷째, 우리의 세포에는 동물의 세포와 달리 세포벽이 존재한다.

세포벽은 세포와 외부 환경을 구분하는 경계의 역할뿐만 아니라, 외부의 위험 요소들로부터 세포를 보호하는 역할을 한다. 식물세포에는 세포벽이 존재하지만 우리의 세포벽과 구성 성분이 다르며, 동물세포는 세포벽 없이 세포막으로 둘러싸여 있다.

우리는 현재까지 약 10만 종이 밝혀졌고, 밝혀지지 않은 곰팡이들까지 합치면 150만 종이 존재할 것으로 추정된다. 150만 종이라고? 약 40만 종인 식물보다 많고 약 130만 종인 동물과 비슷한 엄청나게 큰 숫자이다.

이 한 권의 책으로 이렇게 많은 수의 우리를 하나하나 다 설명한다는 것은 불가능하겠지? 그래서 이 책에서는 여러분이 일상에서 자주 접하거나 여러분의 생활에 중요한 나의 가족 및 친구들 위주로 소개하려고 한다.

곰 박사의 연구 노트 **어떤 곰팡이들은 이름이 여러 개인데 왜 그럴까요?**

곰팡이에 대한 정보를 찾다 보면 분명히 같은 곰팡이를 뜻하는데 이름이 다른 경우가 종종 있습니다. 왜 그럴까요? 먼저 과거와 현재의 이름이 다른 경우예요. 곰팡이는 생김새, 생식 형태, 유전자의 특성에 따라 분류되고 이름 지어집니다. 따라서 어떤 곰팡이에 대해 알려진 사실이 다른 연구에 의해 수정되거나 새로운 사실이 밝혀지면, 그에 따라 이름이 바뀔 수 있습니다. 그래서 과거의 이름으로 불릴 때도, 현재의 이름으로 불릴 때도 있는 것이지요.

이 외에도 곰팡이의 생애 주기에서 유성생식이나 무성생식이 일어나는 단계들을 구분하여 묘사할 때 두 개의 이름으로 불리기도 합니다. 어떤 방식으로 자손을 퍼뜨리느냐에 따라 곰팡이의 생김새와 특성이 달라지기 때문에 이를 구분하여 부르는 것입니다. 예를 들어 이 책의 이야기꾼인 아스퍼질러스 니둘란스는 이메리셀라 니둘란스라고도 불립니다. 전자는 그의 무성생식, 후자는 유성생식이 일어나는 단계를 기준으로 붙여진 이름이죠. 균학자들은 이 이름들을 각각 '무성 세대'와 '유성 세대' 이름이라고 부릅니다.

가족과 친구 모두 합하면 150만 종

어떤 사람의 가계도를 보면 그 가족의 구성원과 그들 간의 관계를 쉽게 알 수 있다. 가계도에는 직계가족뿐만 아니라 광범위한 혈연관계가 정리되어 있기 때문이다. 가계도에 따르면 여러분과 부모님, 친척들 모두 먼 옛날 한 조상으로부터 비롯되었다. 생물을 분류할 때에도 가계도와 비슷한 개념의 도표를 사용하는데, 그 모양이 나무에서 가지가 갈라져 나간 것과 유사하다 하여 '계통수'라고 한다.

과거에 과학자들은 주로 우리의 겉모습에 따라 곰팡이 계통수를 만들었는데, 지금은 대부분 우리의 유전정보를 비교 분석하여 만든다. 그림 3은 가장 단순한 형태의 계통수, 즉 곰팡이 가계도이다.

우리는 크게 병꼴균류(또는 호상균류라고도 불린다), 접합균류, 담자균류, 그리고 자낭균류로 나뉜다. 최근 들어 식물의 뿌리와

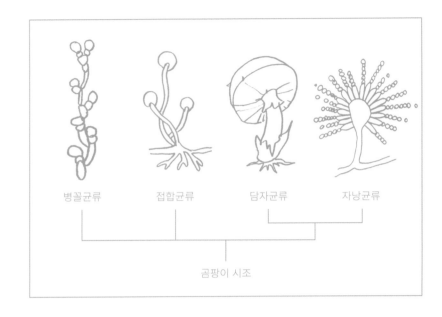

그림 3. **곰팡이 계통수**
곰팡이는 전통적으로 네 개의 집단, 즉 병꼴균류, 접합균류, 담자균류, 자낭균류로 분류된다.

공생하는 곰팡이인 균근곰팡이의 일부를 취균류로 구분하여 총 다섯 개의 집단으로 분류하기도 한다. 하지만 이 책에서는 네 집단으로 나누는 전통적인 형태의 계통수를 소개하겠다.

그림 3을 보면 네 집단 모두 하나의 조상에서 나왔으나, 담자균류와 자낭균류는 자손 세대에서 또다시 갈라져 나왔음을 알 수 있다. 이는 담자균류가 병꼴균류나 접합균류에 비해 자낭균류와 진화상으로 가깝다는 것을 의미한다. 현재까지 사람들은 약 700종의 병꼴균류, 약 1,000종의 접합균류, 약 32,000종의 담자균류, 그리고 약 64,000종의 자낭균류를 발견하였다.

곰 박사의 연구 노트   **계통수를 어떻게 해석할까요?**

계통수를 보면 하나의 점(시조)에서 뻗어 나온 가지로부터 여러 가지들이 갈라져 나옵니다. 만약 두 개체가 같은 가지에서 갈라져 나왔다면 그들은 공통된 조상에서부터 진화했고, 다른 가지에서 갈라져 나온 종보다 서로 유전적으로 비슷할 확률이 높습니다. 예를 들어, 나와 나의 사촌은 조부모님이 같지만 부모님은 다르죠. 이와 달리 나의 형제는 조부모님과 부모님이 모두 같습니다. 따라서 나는 사촌보다는 나의 형제와 진화상으로 가깝고 유전적으로 비슷합니다. 곰팡이 계통수도 이와 유사하게 이해하면 됩니다.

우리 가족, 자낭균류를 소개합니다

최초의 우리 조상님, 즉 곰팡이의 시조는 인류의 조상보다 지구상에 먼저 등장했고, 약 7~21억 년 전에 존재했을 것으로 추정된다. 이 숫자들이 너무 막연하다면 이렇게 비교해 보자. 지금은 더 이상 지구상에 존재하지 않는 공룡은 2억 2천5백만 년 전에, 인류의 조상인 호모 사피엔스는 20만 년 전 지구상에 처음 출현하였다. 즉, 우리는 공룡이나 여러분의 조상이 이 세상에 등장하기 훨씬 전부터 존재했다.

나 아스퍼질러스 니둘란스와 아스퍼질러스라는 성을 가진 나의 가족들은 자낭균류에 속한다. 자낭균류 곰팡이들은 포자 주머니(자낭)를 통해 포자(자낭포자)를 형성하기 때문에 이러한

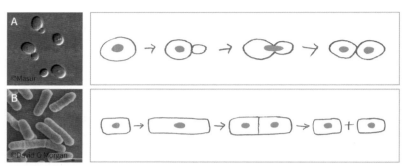

그림 4. **발아효모와 분열효모** A 발아효모. B 분열효모. 하나의 모세포로부터 발아(A) 또는 분열(B)을 통해 다음 세대를 만든다. 주황색 점은 핵을 뜻한다.

이름을 갖게 되었다. '주머니 곰팡이'라는 영어 별명도 있다.

곰팡이의 주요 집단들 중 가장 많은 개체를 포함하는 자낭균류에 아스퍼질러스 가족 이외에 어떤 곰팡이들이 있을까? 나와 생김새가 비슷한 푸른곰팡이 페니실리움 삼촌네 또한 자낭균류에 속하고 나와 매우 가까운 친척이다. 여러분이 과학책에서 한 번은 봤을 유명한 항생제인 페니실린은 바로 이 친척이 만든다.

또한 나와 생김새는 많이 다르지만 빵이나 맥주를 만드는 효모 이모네도 자낭균류이다. 효모 이모는 포자를 발아하여 자신과 똑같은 생김새의 자손을 만들기 때문에 발아효모라고 한다.그림 4A 발아효모와는 달리 하나의 포자가 둘로 분열하여 자손을 만드는 친척이 있는데, 이들은 분열효모라고 불린다.그림 4B

나의 친척들 중에는 다소 괴짜인 곰보버섯(영어 이름은 '모

그림 5. **자낭균류인 곰보버섯과 송로버섯** A 숲속의 곰보버섯. B 땅속에서 바로 채집한 송로버섯. C 송로버섯의 단면.

렐') 아저씨도 있다. 버섯을 만드는 대부분의 곰팡이들은 담자
균류에 속하는데, 곰보버섯 아저씨는 자낭균류이다. 곰보버섯
은 식감과 향이 좋아서 서양 사람들에게 사랑받는 식재료로,
대부분 건조시킨 후 물에 불려 수프나 볶음 요리에 이용한다.
또한 사람들 사이에 엄청나게 인기가 있고 아주 비싼 송로버섯
(덩이버섯)도 담자균류가 아닌 자낭균류 곰팡이다.그림 5

내 가까운 친구부터 좀 먼 친구까지

담자균류 곰팡이들은 나의 친한 친구들로, 병꼴균류나 접
합균류 곰팡이들에 비해 나와 가깝다. 이들은 곤봉 모양의 '담
자기'라는 기관에서 담자포자를 만들어서 번식하기 때문에 담
자균류로 불리고,그림 6 영어로 '곤봉 곰팡이'라는 별명이 있다.

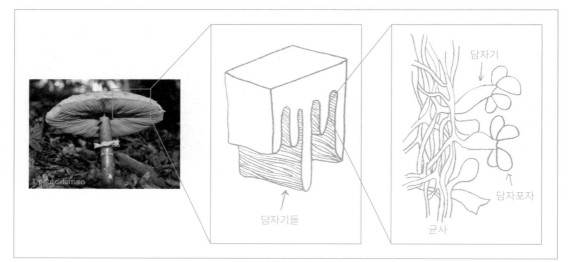

그림 6. 버섯에 숨어 있는 포자형성기관과 포자

담자균류에는 여러분이 자주 먹는 대부분의 버섯들을 만드는 곰팡이들과, 식물을 병들게 하는 깜부기병균과 녹병균이 포함된다.

　접합균류는 나와 담자균류 사이만큼 가깝지는 않지만 가끔 어울리는 친구들이다. 이 집단에 속하는 곰팡이들은 실처럼 자라는 조직('균사'라고 하는 이 조직에 대해서는 '변화무쌍한 나의 몸'에서 더 자세히 설명하겠다)을 접합하여 포자를 형성하기 때문에 접합균류라고 불린다. 이때 균사의 접합을 통해 형성된 포자를 접합포자라고 한다.^{그림 7}

　이름 때문에 낯선 곰팡이로 느낄 수 있지만, 여러분 모두

한번쯤은 접합균류를 만나 봤을 것이다. 누구냐고? 식빵을 먹으며 검은색을 띤 솜뭉치처럼 자라는 검은빵곰팡이와 과일에서 가느다란 실처럼 자라는 흰색 또는 회색빛의 곰팡이인 털곰팡이가 바로 접합균류 곰팡이다. 접합균류는 접합포자 이외에도 포자낭이라는 기관을 통해 포자낭포자를 만든다.

　　마지막으로 거의 어울리지 않지만 인사는 하고 지내는 친구들인 병꼴균류가 있다. 나는 이 친구들이 좀 부럽다. 왜냐면 이 친구들은 대부분의 곰팡이와 달리 움직일 수 있기 때문이다. 병꼴균류는 유주포자낭이라는 기관에서 유주포자를 만드는데,그림 8 이 포자에 편모라는 운동기관이 발달해 있어 움직일

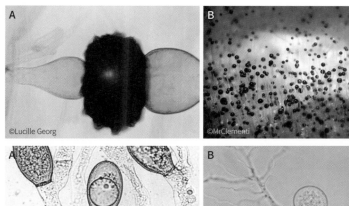

그림 7. **접합균류**
A 현미경으로 관찰한 접합포자. B 접합균류의 포자낭.

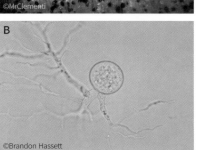

그림 8. **병꼴균류**
A-B 유주포자를 품고 있는 유주포자낭.

수 있다. 유주포자를 품고 있는 기관이 병처럼 생겼기 때문에 병꼴균류로 부른다. 병꼴균류 중 많은 수가 물에서 사는데 종종 양서류를 감염시켜 문제를 일으키기도 한다.

변화무쌍한 나의 몸

우리의 외모는 저마다 개성이 너무나 뚜렷해서, 사람들처럼 미남 미녀의 기준이란 게 딱히 없다. 하지만 여러분이 외모를 묘사할 때에 키, 몸무게, 얼굴 생김새 등의 특징을 이용하는 것과 마찬가지로, 우리에게도 외모를 묘사하는 주요 특징이 있다. 이 특징에는 포자의 모양과 색, 몸통(균사와 균사체)의 형태, 포자를 만드는 기관 등이 포함된다. 이를 설명하기 위해 우선 우리의 대표적인 신체 기관에 대해 소개하겠다.

지구에서 가장 큰 생물체는 우리, 곰팡이

식물의 경우 하나의 씨앗에서 싹이 트고 뿌리, 줄기, 잎이 생기듯이 우리도 포자가 발아하여 몸의 각 부분을 이룬다. 예외가 있긴 하지만(효모 이모네는 균사로 자라지 않는 대표적인 예이

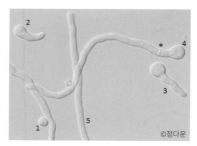

그림 9. 아스퍼질러스 니둘란스의 포자, 발아체, 균사, 그리고 격벽
포자(1)를 영양분이 함유된 배지에서 기르면 발아체(2→3→4)로 자라고, 발아체가 길게 성장하여 균사(5)를 이룬다. 격벽(*)은 균사에 세로로 난 벽인데, 일반 현미경으로 항상 식별 가능한 것은 아니지만, 간혹 뚜렷하게 관찰되기도 한다.

다), 대부분의 곰팡이는 포자에서 발아한 후 실처럼 길게 뻗어 자라는 몸통, 즉 균사를 형성한다.그림 9

균사는 적절한 영양분과 온도, 습도 등이 제공된다면 끊임없이 자라서 그물과 같은 거대하고 복잡한 구조를 형성하는데, 이를 균사체라고 한다. 이와 같이 실처럼 엉킨 형태로 자라면 살아가는 데 어떤 도움이 될까? 우리는 몸 전체를 이용하여 영양분을 흡수하기 때문에, 균사처럼 자랄 경우 표면적이 넓어져 영양분을 더 효율적으로 섭취한다는 이점이 있다.

퀴즈 하나! 지구에서 살아 있는 생물 중 가장 큰 생물은 무엇일까? 힌트. 고래도 대왕오징어도 아니다. 공룡은 크지만 이미 멸종되었기 때문에 순위에서 제외된다. 답은 바로, 조개뽕나무버섯이라는 곰팡이다!

이건 내 담자균류 친구들이 꼭 강조해 달라고 부탁한 부분인데, 조개뽕나무버섯은 담자균류에 속하는 곰팡이이다. 미국 서북부에 위치한 오리건주의 숲에서 무럭무럭 자라고 있다.그림 10A 이쯤에서 여러분은 '정말 거대한 버섯이 있구나!'라고 상상할지도 모르겠다.

사실 조개뽕나무버섯은 버섯이라는 특정 기관의 크기 때문이 아니라, 버섯과 연결되어 있는 균사체의

길이 때문에 세상에서 가장 큰 생물이 되었다.^{그림 10B}
균사체는 땅속이나 표면에서 그물처럼 자라고, 그 거
대한 그물조직으로부터 버섯이 토양 밖으로 군데군
데 나온다. 이 친구의 균사는 약 10제곱킬로미터 넓
이에 펼쳐져 있고, 나이는 2,400살 이상이며, 무게는
7,500~35,000톤 이상으로 추정된다. 지구상에서
가장 큰 코끼리가 7톤 정도이므로, 이 친구의 몸무게
는 최소 코끼리 1,000마리 이상을 합한 것이다!

　포자가 발아하여 형성된 균사는 실처럼 자라지
만, 격막 또는 격벽이라는 조직을 통해 여러 단위들
로 구분된다.^{그림 9, 11} 자낭균류와 담자균류의 균사에
는 격벽이 존재하지만, 접합균류와 병꼴균류의 균사
에는 대개 격벽이 없다.

　격벽은 세포벽과 비슷한 성분으로 구성되나, 막
과 다른 막 사이의 물질이동이 세포벽보다 상대적으
로 자유롭다. 격벽은 길게 뻗어 자라는 균사에 구조
적인 안정감을 준다. 마치 여러 개의 대들보가 커다
란 지붕을 안정감 있게 지탱해 주는 것과 같다. 또 균
사의 일부분이 손상되었을 때 상처 부근에 있는 격벽
이 세포 내부를 차단함으로써 세포 내 주요 물질들이
유출되는 것을 방지하여 균사의 생존을 돕는다.

그림 10. **조개뽕나무버섯**
A 조개뽕나무버섯. B 땅 밑의 균사로 연결
되어 있는 버섯들.

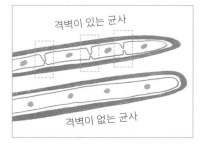

그림 11. **균사와 격벽의 구조**
균사에서 세로로 형성된 약간의 틈이 있는
막들이 격벽이다. 주황색 동그라미들은 핵
을 뜻한다.

곰팡이의 변신은 무죄

우리는 형태에 따라 구분되기도 한다. 예를 들어, '둥글고 (효모형 곰팡이)', '실처럼 자라고(사상형 곰팡이)', '두 개 또는 그 이상의 외모를 가진(이형성 또는 다형성)' 곰팡이로 나뉜다. 효모 형 곰팡이는 둥근 모양의 곰팡이들로, 이름에서 알 수 있듯이 효모 이모네가 대표적이다.그림 4 사상형 곰팡이는 실 모양으로 자라는 곰팡이다. 나를 비롯해 나의 가족, 그리고 내 친구들 중 상당수가 사상형 곰팡이다.

신기하게도 우리 중에는 효모형과 사상형 모두의 모습을 띠는 곰팡이도 있다. 이형성 곰팡이라고 하는데, 이들은 주변 환경에 따라 효모형이나 사상형의 형태로 변화한다. 이형성 곰 팡이들 중에는 동물 또는 인체를 감염시키는 이들이 많다.

그렇다면 이형성 곰팡이들은 어떤 조건에서 외모를 바꿀 까? 일반적으로 온도에 따라 외모 변신을 꾀한다. 예를 들어 인체를 감염시키는 페니실리움 마네피아이의 경우, 사람의 체 온인 섭씨 37도에서는 효모형으로 자라지만, 25도에서는 사상 형으로 자란다. 이러한 외모 변환은 이 곰팡이가 사람에게 질 병을 일으킬 수 있는 능력과도 밀접하게 연관되어 있다. 온도 이외에도 산도(pH), 영양분, 산소 또는 이산화탄소의 농도에 따라 모양을 바꾸는 곰팡이도 있다.

우리 중에는 이형성뿐 아니라 두 개 이상의 외모를 갖는 곰팡이도 있는데, 이들을 '다형성 곰팡이'라고 한다. 담자균류에 속하는 내 친구 줄기녹병균이 대표적이다. 줄기녹병균은 여름포자, 겨울포자, 담자포자, 병포자, 녹포자, 즉 5개나 되는 각기 다른 모양과 기능의 포자를 만든다!

줄기녹병균은 접합균류나 병꼴균류에 비해 나와 가까운 친구이긴 해도 워낙 복잡한 녀석이라 이해하기가 어렵다. 모양도 거주지도 극적으로 바꾸는 통에 연락도 쉽지 않다. 이 친구는 밀이나 보리를 감염시킨 후 그곳에서 성장하면서 포자를 만드는데, 이 포자가 적갈색이어서 마치 식물에 녹이 슨 것처럼 보이기 때문에 녹병균이라고 불린다. 주로 밀이나 보리에 질병을 일으키지만, 이들 곡물과는 전혀 관계가 없어 보이는 매발톱나무 또한 감염시킨다.^{그림 12}

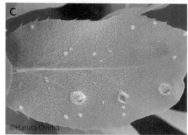

그림 12. **줄기녹병균**
A 줄기녹병에 걸린 밀. B 줄기녹병균의 겨울포자. C 매발톱나무의 잎을 감염시킨 줄기녹병균.

담자균류의 자부심, 버섯

유전학적 기술이 발달되기 전에(각 개체 고유의 DNA 정보가 알려지기 전에) 우리는 주로 겉모습을 기준으로 분류되었다. 그 기준이 되는 겉모습 특징 중 하나가 바로 자실체의 모양이다.

자실체란 영어로는 fruiting body, 즉 '열매를 맺

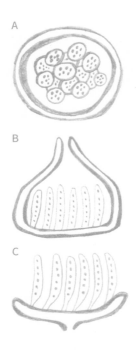

그림 13. 자낭균류의 자실체 종류
A 단단한 외피에 둘러싸인 닫힌 구조. B 불완전하게 닫힌 구조. C 열린 구조. 자실체의 표면이나(C) 내부(A-B)에 자낭포자를 만드는 자낭들이 존재한다.

는 몸의 기관'이다. 포자를 만드는 기관이 자리 잡고 있는 부위를 뜻하며 색, 크기, 모양이 매우 다양하다. 포자는 자실체에 존재하는 포자형성기관에서 만들어진 후 주변으로 분산된다.

우리 모두가 자실체를 갖고 있지는 않으며, 자실체 없이 포자를 만들 수 있는 곰팡이도 많다. 예를 들어, 150만 곰팡이들을 대표해서 이 책의 화자로 뽑힐 정도로 능력자인 나는 자실체를 만들고 그곳에서 자낭포자를 만들지만, 자실체 없이도 아스퍼질럼을 닮은 '분생포자경'에서 분생포자를 생산할 수 있다.

자실체의 모양에는 어떤 것들이 있을까? 가장 일반적으로 자낭균류의 자실체는 세 형태로 나뉜다. 나의 자실체처럼 닫혀 있기도 하고, 작은 입구가 있어 불완전하게 닫힌 구조도 있으며, 완전히 열려 있는 컵 모양 같은 자실체도 있다.그림 13

우리 중 자신의 자실체를 가장 자랑스러워하는 친구들은 누구일까? 바로 담자균류이다. 왜냐하면 여러분이 먹거나 주변에서 자주 보는 대부분의 버섯은 담자균류에 속하는 곰팡이들의 자실체이기 때문이다. 버섯은 담자기라는 포자형성기관을 갖고 있고, 이를 통해 포자, 즉 담자포자를 만든다.

버섯의 색, 모양, 질감, 향은 다양하지만 일반적으로

갓, 균습 또는 주름, 자루, 그리고 바닥 부분을 감싸고 있는 대주머니로 구성된다.그림 14 담자기가 위치한 버섯의 주름 부분 또한 모양이 다양한데, 표고나 양송이처럼 여러 결의 주름도 있고, 스펀지 모양의 주름도 있으며, 가시처럼 생긴 주름도 있다.

그렇다면 우리는 왜 버섯을 만들까? 버섯은 토양 아래에서 뻗어 자라고 있는 균사체로부터 땅 밖으로 분화된 자실체이다. 담자포자는 버섯의 주름 사이에 위치한 담자기에서 생성된 후, 바람이나 비 또는 곤충을 통해 자연 곳곳으로 분산된다. 버섯은 포자를 좀 더 효율적으로 널리 퍼뜨리기 위한 기관인 것이다.

자낭균류의 자실체와 비교했을 때 담자균류의 자실체는 형태가 훨씬 더 다양하다. 이는 얼마나 다양한 모양의 버섯들이 존재하는지만 봐도 알 수 있다. 버섯 하면 어떤 종류의 버섯들이 떠오르는지? 최소한 5개는 금세 떠올릴 것이다. 지난 며칠 동안 여러분이 먹은 음식에도 버섯이 들어 있었을지도 모르겠다. 여러분이 주변에서 흔히 보는 표고, 느타리, 새송이, 팽이와 같은 버섯들 이외에도, 찻잔(영어권에서는 '새의 둥지'라는 별명으로 불린다), 산호, 컵, 또는 젤리를 닮은 버섯들도 있고, 목도시흙밤버섯이나 망태버섯

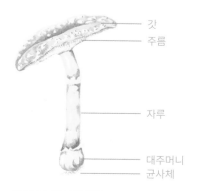

그림 14. **버섯의 구조** ©Agnes Chamberlin

곰 박사의 연구 노트

맞혀 보세요!

화살표가 가리키는 부위를 영어로는 '치마(skirt)' 또는 '고리(ring)'라고 부릅니다. 그렇다면 우리나라에서는 어떻게 불릴까요?
A 턱받이　B 날개　C 손수건　D 망토
※ 답은 다음 쪽에 있습니다.

처럼 생김새가 특별한 이들도 많다.^{그림 15} 사실이 이러하니 담자균류의 자실체에 대한 자부심은 인정하지 않을 수 없다.

곰 박사의 연구 노트 **1장을 마치며**

1장에서 아스퍼질러스 니둘란스는 여러분에게 곰팡이의 생물학적 정의에 대해 소개하였고, 그의 가족과 친구들, 그리고 그들의 외모에 대해 이야기하였습니다. 이제 누군가가 여러분에게 1분을 줄 테니 곰팡이란 무엇인지 알려 달라고 한다면 어떻게 설명할까요?

곰팡이는 포자로 번식하고 외부로부터 영양분을 섭취하여 살아가는 미생물로, 원핵생물인 세균과 달리 진핵생물에 속합니다. 식물도 동물도 아닌 독립적인 생물군이고, 약 150만 종이 존재하는 것으로 추정되며, 병꼴균류, 접합균류, 담자균류, 자낭균류로 나뉘죠. 곰팡이 중 많은 수가 실처럼 자라 균사와 균사체를 이루고, 몇몇은 주변 환경에 따라 외모를 바꿀 수 있는 능력을 지녔습니다.

이와 비슷하게 대답할 수 있다면 여러분은 곰팡이란 무엇인지 정의할 수 있는 것입니다. 시험 문제로 나온다면 모범 답안이 될 수도 있을 거예요. 하지만 정의 내릴 수 있다고 곰팡이에 대해 잘 안다고 할 수 있을까요? 곰팡이는 '특별하고 멋진' 생물이기 때문에 그들에 관한 이야기가 이게 다일 리 없죠. 이제 다음 장에서 우리의 친구, 아스퍼질러스 니둘란스는 곰팡이의 성격과 특기에 대해서 들려준다고 합니다. 흥미를 갖고 계속 들어 보도록 할까요?

그림 15. **다양한 버섯** A 찻잔버섯. B 산호버섯. C 컵버섯. D 목도시흙밤버섯. E 젤리버섯. F 망태버섯. G-H 곤충에서 자라는 곰팡이가 만든 자실체.

2. 맛있고 이상한 매력의 우리

여러분이 "나는 그 사람을 잘 알아."라고 말할 때, 그 사람의 겉모습에 대한 정보만으로 그렇게 말할 수 있을까? 그렇지 않다면 외모 이외에 어떤 특성을 알아야 그 사람을 잘 안다고 할 수 있을까? 성격, 장점과 단점, 거주지, 생활 방식 모두가 그 사람을 이해하기 위한 정보가 될 수 있다.

여러분이 우리에 대해 알아 가는 과정도 마찬가지이다. 외모뿐 아니라 여러분에게 소개하고 싶은 곰팡이의 특성이 너무나 많다. 2장과 3장에서는 일상생활에서 접하는 곰팡이들과 자주 보지는 못하지만 넘치는 개성을 가진 곰팡이들에 대해 이야기하고자한다. 특히 2장에서는 여러분이 음식으로 접하는 곰팡이들과, 이상하지만 재미있는 곰팡이들에 대해 소개하겠다.

우리는 맛있다

내가 가장 좋아하는 우리의 특징은 맛있다는 점이다. 이 특징 때문에 우리의 존재가 여러분에게 큰 기쁨이 될 수 있다는 점이 참 자랑스럽다. 먹을 수 있는 곰팡이라고 하면 여러분은 무엇을 가장 먼저 떠올리는지? 아마 버섯이라고 대답하는 사람이 많을 것이다. 버섯은 가장 잘 알려진 먹을 수 있는 곰팡이다. 버섯 외에도 여러분은 별다른 가공 없이(블루치즈와 위틀라코체), 가공을 통해 제조된 식품의 형태로(퀸), 또는 각종 식품들을 만들 때에 첨가물로(빵, 메주, 막걸리 등) 우리를 섭취한다. 그럼 이제 맛있는 우리에 대해 하나씩 알아보자.

가장 친숙한 곰팡이는 버섯

여러분이 일상적으로 먹는 음식들 중에는 버섯을 재료로

하는 음식들이 많다. 과연 몇 종류의 버섯을 먹어 봤는지 생각해 보자. 10개를 떠올릴 수 있다면 꽤 다양한 버섯들을 먹어 온 것이다!

150만 종으로 추정되는 우리 중 약 만 개가 버섯을 만들고, 이 중 대략 300개가 여러분이 먹을 수 있는 버섯들이며, 10개 정도의 버섯이 사람들에 의해 재배된다. 1100년 즈음 중국에서 처음으로 표고버섯을 재배했다는 기록이 있다고 하니 버섯은 천 년 이상 사람들의 식탁에 올라온 곰팡이다.

버섯의 종류에 따라 다소 차이가 있지만 느타리버섯을 연구한 결과에 따르면, 무게를 기준으로 생느타리버섯에 가장 많이 함유된 성분은 물이고(90퍼센트 이상), 다음은 탄수화물이며, 단백질과 섬유질이 서로 비슷한 양(탄수화물 함유량의 약 절반 정도의 무게)으로 그 뒤를 따른다. 이에 비해 지방은 단백질 함량의 약 10퍼센트에 그친다. 양송이의 경우에는 전체 무게의 90퍼센트 이상이 물이고, 약 3퍼센트의 단백질, 1.7퍼센트의 탄수화물, 1퍼센트의 섬유질, 0.3퍼센트의 지방, 그리고 약간의 미네랄과 비타민이 들어 있다.

버섯은 고단백 저지방 식품이고, 특히 채식을 하는 사람들에게 결핍되기 쉬운 아미노산이 많이 들어 있다. 또한 버섯은 글루탐산이라는 아미노산을 많이 함유하고 있어, 인공감미료인 글루탐산나트륨(MSG)을 대체할 수 있는 천연 조미료 역할도 한다. 버섯 고유의 향과 맛은 버섯의 구성 성분과 그들이 합성하는 화학물질에 의해 좌우된다.

여러분이 살고 있는 대한민국에서 재배되는 버섯에는 어떤 것들이 있을까? 다량으로 재배되는 버섯들은 양송이, 느타리, 영지, 팽이, 새송이, 상황, 그리고 신령이다. 이 버섯들 중 대다수에 대해 들어 봤을 것이고 실제로 생김새도 알고 있겠지만, 영지, 상황, 신령은 낯설지도 모르겠다. 이들 세 버섯들은 항암이나 성인병 예방에 좋은 성분들을 갖고 있어 약재로 쓰이는데, 영지와 상황은 서로 비슷하게 생겼고 신령은 양송이와 비슷한데 자루가 약간 더 통통하다.그림 16

그럼 퀴즈 하나. 생산량(무게)으로 볼 때, 대한민국에서 가장 많이 생산되는 버섯은 누구일까? 위에서 언급한 7개 버섯들 중 하나다. 답은 바로 느타리다! 그리고 그 뒤를 새송이와 팽이가 따르고 있다. 느타리와 팽이는 각각 굴버섯 그리고 겨울버섯이라고 하는 재미있는 영어 별명을 가지고 있다.

느타리와 표고는 동양에서 주로 이용하는 식재료이지만(미국의 경우 가장 많이 재배되고 소비되는 버섯은 양송이다), 서양에서도 인기가 점차 상승하고 있다. 지구에서 버섯을 가장 많이 생산하는 나라는 중국, 그 다음은 미국이다. 그리고 유럽에서는 네덜란드가 최대 버섯 생산국이다.

그림 16. **영지와 신령**
A 영지. B 신령.

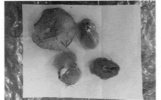

곰 박사의 연구 노트 **버섯포자 프린트**

버섯의 주름 사이에 존재하는 담자기에서 담자포자가 만들어지는데, 이 담자포자를 눈으로 볼 수 있는 방법이 있어요. 아마추어 버섯 채집가들이나 균학 수업을 듣는 학생들이 이 방법을 통해 채집해 온 버섯을 관찰하고 기록하기도 하는데, 이를 '버섯포자 프린트'라고 합니다.

왼쪽은 제가 주변에서 버섯을 채집해서 버섯포자 프린트를 한 사진입니다. 먼저 버섯을 갓과 자루가 분리되지 않게 채집해서 실험실로 가져왔습니다. 다음으로 버섯의 갓 부분을 자루와 분리한 후, 주름 부분이 아래를 향하도록 갓을 종이 위에 올려 두었습니다. 포자의 색을 정확하게 분석하려면 흰색과 검은색 종이를 나란히 놓고 그 맞물린 부분에 버섯을 올려 두면 됩니다. 어두운 색 포자는 흰색 종이 위에서, 밝은 색의 포자는 검은색 종이 위에서 더 잘 보일 테니까요. 저는 흰색, 검정색, 파란색 색종이를 이용했습니다.

이제 버섯을 유리나 플라스틱 그릇 등으로 덮습니다. 대개 그릇을 덮은 후 12시간 이내에 포자들이 종이 위에 내려앉게 되어 버섯포자 프린트가 완성됩니다. 제가 채집해 온 버섯은 스펀지 형태의 주름을 가졌고, 갈색의 포자를 만드는 버섯이었습니다.

버섯이 포자를 형성할 정도로 성장하지 못했거나, 혹은 너무 나이가 들었거나, 심각한 손상을 입은 경우에는 버섯포자 프린트가 잘 안 될 수도 있습니다. 그래서 동네 마트에서 사 온 버섯으로는 성공하지 못할 확률이 높아요. 하지만 성공한다면 그 버섯이 가진 주름의 모양, 포자의 색을 알 수 있고, 아름다운 버섯 문양을 볼 수 있습니다. 프린트된 버섯포자는 고정액을 뿌려 장기간 보관할 수 있는데, 헤어 스프레이로도 고정이 가능하답니다.

자, 이제 버섯포자 프린트를 통해 여러분만의 버섯 탐구 일지를 적어 보는 건 어떨까요?

냄새는 고약하지만 맛좋은 곰팡이

고르곤졸라 피자를 좋아하는지? 고르곤졸라는 짜고 진한 향이 나는 이탈리아의 치즈이다. 이 치즈에는 군데군데 푸른빛이 도는 덩어리들이 보이는데, 이는 치즈 안에서 자란 '페니실리움'이라는 성을 가진 내 친구들이다.그림 17 고르곤졸라를 포함하여 푸른곰팡이들에 의해 제조되어 푸른빛이 도는 치즈들을 통틀어 블루치즈라고 한다.

블루치즈는 아니지만 여러분이 먹는 치즈들 중 카망베르나 브리 치즈를 만들 때에도 우리가 이용된다.그림 17 카망베르를 만들려면 먼저 우유와 세균을 함께 배양하여 틀에 넣고 모양을 만든 후, 표면에 푸른곰팡이네 식구 중 하나인 페니실리움 카멤베르티를 분사하여 숙성시킨다. 이 숙성 과정을 통해 치즈 표면에 하얀 층(먹을 수 있다)이 생기고 내부에는 부드러운 치즈가 완성된다.

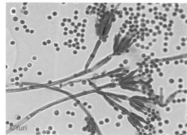

그림 17. **푸른곰팡이를 이용해 만든 치즈**
A 고르곤졸라. B 카망베르. C 현미경으로 관찰한 푸른곰팡이의 포자형성기관과 포자.

그런데 여러분의 냉장고에서 발견된 오래된 치즈의 표면에 푸른곰팡이가 피었다면 이 치즈를 먹어도 될까? 대답부터 하자면 "먹어서는 안 된다."이다. 블루치즈를 만들기 위해서는 푸른곰팡이들 중 특정한 종류의 곰팡이를 이용할 뿐만 아니라, 그들이 가지고 있는 위험 요소들(독소의 생성 등)을 없애거나 최소화하기 위해 온도, 산도(pH), 염도(짠 정도) 및 산소 농도 등을 통제한다.

여러분이 큰 덩어리의 고르곤졸라를 구입해서 잘라 보면 세로줄들이 보일 것이다.그림 17A 이 줄들은 치즈를 만들 때 긴 바늘을 이용하여 통로를 내는 과정에서 생긴다. 이 통로를 통해 치즈 내부에서 자라고 있는 푸른곰팡이에게 적정량의 산소가 공급된다. 또한 푸른곰팡이가 맛있는 치즈를 다 먹어 버리지 않도록 배양 환경을 조절한다. 이처럼 통제된 환경에서 자란 블루치즈 속의 푸른곰팡이들과 달리 냉장고에 있던 치즈에서 자란 푸른곰팡이들은 여러분에게 해로울 확률이 높다. 따라서 먹지 않는 것이 좋다.

블루치즈의 강한 향과 특유의 식감은 어디서 오는 걸까? 그것은 푸른곰팡이가 치즈 안에서 자라면서 일어나는 생화학적 작용에 의한 것이다. 푸른곰팡이는 치즈로부터 영양분을 받아 생존하기 위해 치즈 내의 단백질과 지질을 분해하고, 이러한 과정을 거친 치즈는 특유의 향과 식감을 갖게 된다.

빵을 폭신하게 만들어 주는 곰팡이

갓 구운 폭신폭신한 빵은 김이 모락모락 나는 밥만큼이나 먹음직스러워 보인다. 그렇다면 빵을 이렇게 부풀리는 역할을 하는 곰팡이는 누구일까? 빵을 직접 만들어 본 적이 있는지?

그렇다면 이 질문에 쉽게 대답할 수 있을 것이다.

빵을 부풀리기 위해서는 나의 이모인 효모(이스트)의 도움이 필요하다. 제빵을 위해 상품화된 효모는 대부분 건조되어 있다.그림 18B 마트에서 구입한 효모의 포장을 뜯어 보면 작은 알갱이 모양 가루가 들어 있을 텐데, 따뜻한 물에 설탕 조금과 함께 이 가루를 섞고 기다리면 몇 분 후 물에서 공기 방울이 보인다. 여러분이 빵 안쪽에서 볼 수 있는 구멍들도 이 공기 방울로 인한 것이다. 이 공기 방울은 왜 생겨났고 정체는 뭘까? 공기라고 했으니 질소, 산소, 이산화탄소, 이 중 하나일까?

이 공기의 정체를 밝히려면 효모가 밀가루를 부풀리는 과정인 알코올 발효를 알아야 한다. 알코올 발효란 미생물이 산소가 없거나 산소 농도가 낮은 환

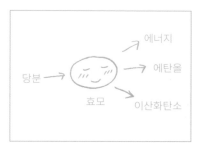

그림 18. A 효모에 의한 발효 과정.

그림 18. **효모의 발효를 이용한 빵 만들기**
B 제빵에 이용되는 건조 효모. C 효모에 의해 부풀어 오른 빵 반죽. D 이산화탄소에 의해 형성된 빵 내부의 구멍.

경에서 녹말(또는 당) 성분을 알코올(에탄올)로 바꾸어 생존에 필요한 에너지를 얻는 과정이다. 이 과정에서 부산물로 이산화탄소가 생성된다. 알코올 발효 이외에도 젖산을 생성하는 젖산 발효(요구르트가 젖산 발효로 만들어진다)도 발효의 대표적인 예이다.

이 이산화탄소가 바로 공기 방울의 정체였다. 그리고 발효의 부산물로 알코올이 생성되지만 빵을 굽는 과정에서 대부분의 알코올 성분은 날아가므로, 빵을 먹을 때에 술에 취할 걱정은 없다.

흥이 많은 곰팡이

아주 옛날, 사람들은 일정 시간 저장해 둔 곡물이나 과일에서 나온 즙을 마시면 어지럽고, 종종 대담해지며, 다음 날 두통과 메스꺼움을 경험했다. 사람들은 이런 경험이 좋았던 모양이다. 지금 세상에 그 많은 술들이 존재하는 걸 보면 말이다.

하지만 당시의 사람들은 알코올을 만드는 이 과정이 미생물에 의한 발효인지는 몰랐다. 발효 fermentation는 '끓다'를 뜻하는 라틴어 'fervere'에서 유래하였는데, 왜냐하면 으깬 포도를 일정 시간 저장하면 그 즙에서 공기 방울이 올라오는데 이 모습이 마

©Matt Brown

©Pipers Brook Vineyard Media

그림 19. 술 제조에 이용되는 효모
맥주(A)와 와인(B)의 발효 과정. 이산화탄소가 발생하여 거품이 생긴다.

치 액체가 '끓는 것'처럼 보였기 때문이다.그림 19

그렇다면 우리 중 와인을 만드는 곰팡이는 누구일
까? 힌트. 빵을 만드는 곰팡이가 누구였더라? 바로 효
모이다. 포도 대신 곡물의 전분이 당으로 이용되었을
뿐, 맥주 역시 효모에 의한 발효로 만들어진 알코올
음료이다. 맥주는 물, 맥아(발아된 보리), 효모, 그리고
향을 내기 위한 홉을 섞은 후 발효시킨 음료이다.

술을 좋아하는 사람들은 효모 이모에게 고마워
하겠지만, 실제로 효모 입장에서 보면 알코올은 위험
한 물질이다. 효모가 만들어 내는 알코올 함량이 너
무 높아지면 알코올로 인한 독성 때문에 효모 스스로
도 파괴되기 때문이다. 대부분의 효모들은 알코올 농
도 10~15퍼센트 정도에서는 살 수 있으나, 그 이상
이 되면 죽는다. 이 때문에 여러분이 주변에서 접하
는 맥주나 와인의 알코올 함량 범위는 대개 10~15
퍼센트 정도이다. 효모들 중 알코올 범위를 21퍼센트
까지 높일 수 있는 특별한 이들도 종종 있다. 하지만
21퍼센트 이상의 알코올이 들어 있는 독한 술을 만들
기 위해서는 발효 후 증류 과정을 거쳐야 한다.

막걸리는 대한민국의 대표적인 전통주로 누룩을
이용하여 쌀을 발효시켜 만든다.그림 20 누룩이란 곡물
에 우리와 세균을 배양시킨 발효제로서, 누룩에는 다

그림 20. **누룩**
A 쌀을 이용해서 만든 누룩. B 미소된장을
만들 때 이용되는 보리 누룩.

양한 종류의 미생물이 존재하기 때문에 곡물의 발효를 촉진하는 시동제로 쓰인다. 누룩에 존재하는 우리와 세균들은 막걸리의 주원료인 쌀에 있는 녹말(복잡한 구조의 탄수화물)을 포도당(단순한 구조의 당)으로 분해하고, 당은 다시 발효를 통해 알코올이 된다.

누룩에 포함된 곰팡이들 중 가장 잘 알려진 것은 나의 가족인 아스퍼질러스 곰팡이들이다. 흔히 누룩곰팡이라고 하면 아스퍼질러스 오라이제(황국균)를 뜻하거나, 누룩에서 발견되는 모든 아스퍼질러스 곰팡이들을 일컫는 용어로 사용되기도 한다. 자낭균류인 아스퍼질러스 이외에도 접합균류인 솜사탕곰팡이 또한 누룩에서 흔히 발견되는 곰팡이 중 하나이다.

곰 박사의 연구 노트 ## 맥주의 종류와 곰팡이

맥주의 종류는 매우 다양한데 크게 에일과 라거로 나뉩니다. 여러분이 친구들과 함께 성인식을 축하하며 맥주를 마시러 간다면, 그 맥주는 라거일 확률이 높습니다. 라거는 가볍고 부드러우며 상쾌한 맛이어서 사람들에게 인기가 좋고, 맥주 시장의 80퍼센트 이상을 차지할 정도로 널리 유통되고 있기 때문이죠.

에일은 라거에 비해 무겁고 짙은 향의 맥주로 그 역사가 오래되었습니다. 맥주의 수출입이 활발해지면서 우리나라에도 에일 맥주를 선호하는 사람이 늘어나고 있습니다. 흑맥주인 '기네스'는 에일 맥주의 대표적인 제품이죠.

그렇다면 에일과 라거는 왜 맛과 향, 질감이 다를까요? 먼저 발효가 일어나는 온도가 다릅니다. 에일은 섭씨 10~25도 온도에서 발효되고, 발효는 발효 탱크 표면에서 주로 일어납니다. 라거는 그보다 낮은 온도인 7~15도에서 발효되고, 발효 탱크 바닥에서 발효가 이뤄집니다. 이 온도의 차이 때문에 라거는 에일보다 오랜 시간 동안 발효시킵니다.

이때 에일과 라거를 만드는 효모의 종이 중요합니다. 효모들 중 상대적으로 높은 온도를 좋아하는 이들은 에일을, 낮은 온도를 좋아하는 이들은 라거를 만드는 것이죠. 언젠가 여러분이 좋아하는 맥주의 종류를 찾았을 때 그 맥주의 맛과 향은 바로 다른 종류의 효모 덕분임을 기억해 주세요.

한식의 친구 곰팡이

　여러분이 일상적으로 먹는 음식에 된장, 간장, 고추장 등의 '장'이 없다면 어떨까? 아마 더 이상 한식을 먹는다는 것이 불가능하지 않을까? 장이 없으면 한식 요리가 불가능할 만큼 장은 여러분의 식생활에서 큰 부분을 차지한다.

　우리의 도움으로 만들어지는 된장, 간장, 고추장은 모두 메주를 주원료로 하는데, 메주란 콩을 삶아 익힌 후 사각형 모양으로 형태를 잡아 20~90일 동안 발효시킨 것이다. 메주가 만들어지면 여기에 소금물을 붓고 다시 숙성시키는데, 이때 액체부분과 고체 부분을 따로 분리해 만든 것이 각각 간장과 된장이다. 고추장은 메주와 쌀가루, 고춧가루를 넣은 후 숙성시켜 만든다.

　메주의 발효에는 우리와 세균의 일종인 간균이 참여하고, 이들이 효소를 분비하여 콩의 단백질을 분해함으로써 메주의 독특한 향과 맛이 결정된다. 요즘은 대부분 공장에서 장들을 생산하기 때문에 메주에서 자라는 미생물들의 종류도 비슷하지만, 과거에는 가정에서 장들을 담갔기 때문에 미생물들의 종류가 달라 장의 맛과 향도 가정마다 차이가 있었다.

　전통적인 방식으로 만들어진 메주에서 발견된 곰팡이들은 주로 나의 가족인 아스퍼질러스 곰팡이, 푸른곰팡이, 털곰팡이이고, 효모 이모네 가족도 종종 발견된다.그림 21 우리 중 400개

그림 21. 메주에 핀 곰팡이

체 이상이 메주로부터 분리되어 대한민국 농촌진흥청의 국가생명자원으로 등록되었고 농업미생물은행에 장기 거주하고 있다.

낯선 음식 속의 곰팡이, 위틀라코체와 퀀

위틀라코체나 퀀Quorn이라는 이름을 들어 본 적이 있는지? 남미나 유럽의 음악 밴드의 이름 같은 이들은 식재료명이다. 여러분의 나라에서는 생소한 식재료이지만 서양에서는 어렵지 않게 만날 수 있다.

위틀라코체는 퀴틀라코체라고도 불리며, 옥수수 깜부기라고 하는 담자균류가 옥수수를 감염시키면서 생성하는 조직이다.그림 22 그 모양이 종양처럼 보이기도 하는데, 옥수수(숙주)와 옥수수 깜부기(병원균) 모두의 조직이 합쳐져 형성된다. 멕시코와 미국에서는 신선한 상태, 혹은 통조림으로 또는 냉동 건조한 가공된 위틀라코체를 쉽게 찾을 수 있다.그림 22 멕시코 음식인 타코나 퀘사디아의 속을 채우는 재료로 주로 이용된다. 옥수수와 곰팡이의 조직이 합쳐진 위틀라코체의 맛은 어떨까? 먹어 본 사람들은 대개 '맛은 강하지 않으나 옥수수 향이 나는 버섯'이라고 평가한다. 당연하게도!

위틀라코체는 어릴 때는 하얀색이지만 성장할수록 검은색을 띠며, 작게는 지름이 1센티미터 미만, 크게는 30센티미터 이상이다. '옥수수 버섯' 또는 '멕시코 송로버섯'이라는 별명을 갖고 있는 이 위틀라코체는 해마다 멕시코의 수도에서만 7월에서 8월 사이에 400톤 이상 판매된다.

하지만 위틀라코체는 안은 옥수수 깜부기의 포자로 가득 차 있기 때문에(중간 크기 위틀라코체 하나에는 2천억 개 이상의 포자가 들어 있다!), 유통과 소비를 꺼리는 지역도 있다. 실제로 옥수수 깜부기는 전 세계적으로 중요한 식물병원성 곰팡이로 취급된다. 1940년대 이후 저항성을 가진 옥수수 종자가 개발되면서 옥수수 깜부기로 인한 경제적 손실은 크게 줄었지만, 지금까지도 종종 옥수수 깜부기 감염 때문에 옥수수 수확량이 크게 줄기도 한다.

퀀은 곰팡이 단백질을 이용해서 만든 고기 대용품으로, 영국의 '말로우 식품'이라는 회사가 개발하였다. 퀀은 내 친척인 붉은곰팡이 가족 중 퓨사리움 베니나튬으로부터 곰팡이 단백질을 분리하여 만든 식품으로, 단백질과 섬유질이 풍부한 반면 지방 함량은 적다. 토양에 분포하는 이 붉은곰팡이는 1967년에 처음 발견되었고 광범위한 검사를 거쳐 퀀 생산에

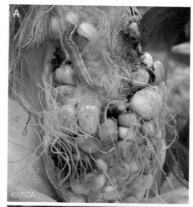

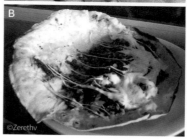

그림 22. **옥수수 깜부기가 만든 위틀라코체**

A 자연 상태의 위틀라코체. B 위틀라코체를 이용해서 만든 쿼사디아.

가장 적합한 곰팡이로 채택되었으며, 1990년대에 들어 판매되기 시작했다. 퀸은 치킨 너겟이나 햄버거의 패티 등 다양한 형태로 가공되는데, 닭고기 맛과 비슷하다고 한다. 영국을 비롯한 유럽 국가들과 미국 및 호주에서 판매되고 있으며, 2005년에는 영국에서 연간 약 9천5백만 파운드(약 1,500억 원)어치의 판매량을 기록했다.

침 고이는 시큼함을 주는 곰팡이

청량음료의 신맛은 어떻게 만들어질까? 식초라고 생각하진 않겠지? 그 맛을 내는 화합물은 우리가 만드는 구연산이다. 전 세계적으로 생산되는 구연산의 50퍼센트가 음료수에 이용되는데, 특히 청량음료의 맛을 내고 내용물을 보존하기 위해(구연산이 지닌 산성 성분이 다른 미생물의 번식을 억제한다) 구연산이 널리 쓰인다.

구연산은 영어로 '시트르산'이라고 하는데, 시트르산은 감귤류citrus를 뜻하는 단어에서 유래하였고 실제로 레몬, 오렌지, 라임 등과 같은 감귤류 과일에 다량으로 함유되어 있다. 구연산은 식품에만 첨가되는 것이 아니라, 세제, 화장품, 그리고 의약품에도 사용된다.

1900년대 초반까지만 해도 대부분의 구연산을 레몬주스에서 얻었으나, 그 후 보다 경제적인 대량 생산을 위해 미생물

들을 대량 배양시킨 후 그로부터 구연산을 분리해 왔
다. 여러 세균들과 일부 푸른곰팡이들도 구연산을 합
성하지만, 현재 산업 공정에 가장 널리 쓰이는 미생
물은 바로 나의 가족인 아스퍼질러스 나이저이다. 아
스퍼질러스 나이저는 실험실에서 배양했을 때에 검
은색을 띠는 곰팡이다.그림 23 사람들은 아스퍼질러스
나이저의 포자를 거대한 탱크에 넣고 적절한 환경(영
양분, 온도, 공기 등)에서 배양하여 많은 균사체를 얻은
후 그로부터 구연산을 추출한다.

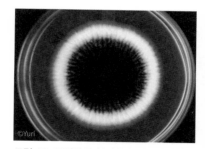

그림 23. **구연산을 합성하는 아스퍼질러스
나이저**
실험실에서 자란 아스퍼질러스 나이저.

우리는 이상하다

이제 우리 중 괴짜로 알려진 이들에 대해 소개하려고 한다. 우리는 지구상의 여러 환경에서 아주 오래전부터 살면서 그에 적응해 왔기 때문에 저마다 다양한 개성을 발달시켜 왔다. 지금부터 소개할 내 친구들은 여러분한테는 좀 이상하게 보일 수 있는 개성을 가진 대표적인 곰팡이들이다.

반짝반짝 야광버섯

「아바타」라는 영화를 본 적이 있는지? 영화에서 남녀 주인공이 야광을 띠는 생물들이 가득한 어두운 숲속을 거니는 장면이 나온다. 이러한 장면은 영화에서만 가능한 것이 아니다. 여러분이 밤에 어떤 지역의 숲속을 걷는다면 빛을 내는 버섯을 만날 수도 있다.그림 24 이와 같은 버섯들을 야광버섯이라고 하고, 빛을 띠는 그 현상을 생물 발광이라고 한다.

야광 생물들 하면 어떤 이들이 떠오르는지? 심해의 어류, 반딧불이와 같은 곤충들이 가장 대표적인 예일 것이다. 이들은 모두 몸에서 야광성을 띠는 물질을 합성하며 당연히 살아 있을 때에만 야광성을 띤다. 적으로부터 자신을 방어하거나, 번식을 위해 이성을 유혹하거나, 먹이를 유인하거나, 혹은 의사소통 수단으로 야광을 이용한다.

그렇다면 몇몇 내 친구들이 야광성을 띠는 이유는 무엇일까? 네오노소파너스 가드네리는 브라질의 숲에 있는 코코넛나무 아래에서 주로 자라는데, 이 친구가 빛을 내는 이유는 바로 곤충들을 유인하기 위해서다. 아마 곤충을 통해 포자를 퍼뜨리려는 것이 그 이유라고 추측되지만, 정확하게 아직까지 그 이유를 잘 모른다. 우리 중 약 70종이 야광성을 띠는데, 이들은 전 세계에 거주하며 대한민국에도 받침애주름버섯과 화경버섯이라는 야광버섯이 살고 있다.

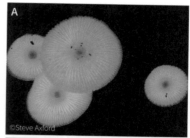
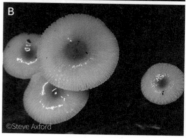

그림 24. **야광버섯**
주변이 어두울 때(A)와 밝을 때(B) 야광버섯의 모습.

몽롱한 환각버섯

환각은 현실이 아닌 어떤 것을 실제로 느끼거나 경험한다고 생각하는 것이다. 버섯들 중에는 섭취한

그림 25. **환각버섯 중 하나인 실로사이빈 버섯**

사람에게 환각을 일으키는 위험한 녀석들이 있다. 이들 중 내가 소개하려는 곰팡이는 내 친구 '실로사이빈 버섯'이다.

과거 중남미 대륙에 살았던 부족들은 환각버섯을 이용하여 주술을 걸거나 제사 의식을 치렀다. 고대 멕시코 지역 사람들이 숭배하던 환각버섯의 신, 필친테쿠틀리도 이러한 의식과 관련이 있다. 그들은 이 버섯을 통해 자신들이 숭배하는 신과 영적으로 결합된다고 생각했다.

실로사이빈은 환각을 일으키는 물질로, 내 친구는 이 물질을 합성할 수 있기 때문에 마술버섯, 성스러운 버섯, 신의 몸 등 여러 별명을 가지고 있다. 환각을 일으키는 버섯들 중 대다수가 '실로사이빈'이라는 성을 가지고 있는데, 이들은 대개 갈색 또는 황갈색의 가느다란 몸체를 가졌다.^{그림 25}

환각버섯이 일부 신경성 질병의 치료제로 쓰일 수 있다는 연구 결과도 있으나, 섭취하는 개인에 따라 여러 부작용이 보고되고 있기 때문에 현재 의약품으로 사용되지 않는다. 대한민국을 비롯하여 대부분의 국가에서 환각버섯과 관련된 모든 행위가 법으로 엄격히 금지된다. 따라서 숲에서 이들 버섯을 만나면 반갑게 인사만 하고 돌아서야 한다.

검은 눈물이 뚝뚝, 먹물버섯

담자균류들 중 먹물버섯류에 속하는 내 친구들은
먹물처럼 보이는 검은 액체를 생성하는 버섯들인데,
먹물버섯과 두엄흙물버섯이 가장 유명하다.그림 26 과
거에 사람들은 먹물버섯류들이 만드는 검은 액체를
글을 쓰거나 그림을 그릴 때 천연 잉크로 사용하기도
했다.

먹물버섯은 영어권에서는 '덥수룩한 갈기' 또는
'변호사의 가발'이라는 별명으로 불린다. 먹물버섯은
비늘처럼 생긴 조직이 발달한 흰색의 갓을 갖고 있으
며 먹을 수 있다. 두엄흙물버섯은 영어권에서 '일반
먹물버섯'이라고 불리며, 회갈색의 갓을 가졌으며 역
시 먹을 수 있다. 하지만 두엄흙물버섯은 알코올과
함께 섭취하면 독성을 일으키기 때문에 주의해야 한
다. 두엄흙물버섯은 '코프린'이라는 물질을 합성하
는데, 이 물질이 인체에서 알코올과 반응하면 메스꺼
움, 구토, 팔다리의 통증 등을 일으키는 코프리너스
증후군을 일으키기 때문이다.

이 친구들이 갓을 펼친 후 검은 액체로 변하는 모
습은 신비롭기는 하지만 사람들에 따라서는 무섭다
고 생각하는 경우도 있다. 그렇다면 왜 먹물버섯류들

그림 26. **먹물버섯류**
A 먹물버섯. 어린 버섯들은 갓을 접고 있다
가 성장할수록 갓이 열리면서 펼친 우산과
같은 구조가 된다. B 두엄흙물버섯.

은 이런 행동을 하는 걸까? '먹물'은 버섯들의 주름 또는 종종 갓 전체가 녹아 내리면서 형성되는 액체인데, 먹물버섯류들은 다른 버섯에 비해 주름이 얇고 비좁다. 따라서 주름이나 갓이 분해되면 보다 열린 구조가 되면서 효과적으로 포자가 자연으로 분산될 수 있기 때문이다. 따라서 먹물을 만드는 행동은 그들만의 독특한 생존 방식이다.

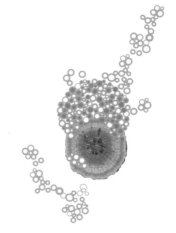

3. 병도 주고 약도 주는 우리

우리 곰팡이들끼리는 그저 개성이라고 부르지만, 여러분의 입장에서 봤을 때 어떤 곰팡이의 특성은 해롭거나 이로울 수 있다. 또 우리 중 몇몇이 동식물과 공생하는 모습을 보면 그 이유가 쉽게 이해되지 않을 수도 있다.

이 장에서는 식물이나 동물, 그리고 사람을 감염시키는 위험한 곰팡이들, 그리고 여러분의 질병을 치료할 수 있는 이로운 곰팡이들, 그리고 다른 생물들과 협력하며 살아가는 사회성 좋은 곰팡이들에 대해 이야기하고자 한다.

우리는 위험하다
-독버섯과 곰팡이독소

여러분이 야생에서 각기 다른 종류의 버섯 10개를 채취했다고 가정하자. 그러면 이 중 몇 개가 독버섯일까? 대한민국에는 약 1,900여 종의 버섯이 알려져 있는데, 이 중 13퍼센트가 독버섯이다. 따라서 여러분이 채집한 버섯 중 1개 이상이 독버섯일 확률이 높다. 실제로 지난 10년간 대한민국에서는 독버섯에 의한 중독 사고가 200건 이상 발생했고, 중독된 사람들 중 15명은 사망했다고 한다. 독버섯의 독성은 물에 씻거나 가열한다고 해서 사라지지 않기 때문에 야생 버섯을 먹는 것은 위험하다!

야생 버섯은 무조건 조심, 독버섯

독버섯들 중 가장 유명한 내 친구들로는 광대버섯 가족들

그림 27. 대표적인 독버섯들
A 광대버섯. B 독우산광대버섯. C 알광대버섯. D 노란다발버섯. E 외대버섯.

이 있다.^{그림 27} 광대버섯들의 구성원 중에는 먹을 수 있는 버섯들도 있다. 하지만 독을 가진 광대버섯을 섭취하면 그 사람은 하루 정도의 시간이 흐른 뒤 구토 및 설사 증상을 보이기 시작하고 일주일 이내에 사망할 수 있다.

버섯 하면 제일 먼저 어떤 이미지가 떠오르는지? 선명한 빨간 갓에 하얀 점무늬가 있는 버섯이 떠오르지는 않는지? 이 버섯이 바로 가장 유명한 광대버섯 중 하나인 아마니타 무스카리아다. 사람들은 무의식적으로 위험한 독버섯을 가장 대표적인 버섯으로 인식했을지도 모르겠다.

하지만 독버섯들이 모두 화려한 것만은 아니다. 내 친구 독우산광대버섯은 온몸이 하얗고 구조가 단순해서 청순한 느낌마저 들지만 맹독성이고, 마찬가지로 독버섯인 알광대버섯은 옅은 노란색의 갓에 하얀 자루를 가졌다.^{그림 27} 한편 광대버섯 가족들 이외에도 갓 구워 낸 노릇노릇한 빵처럼 생긴 노란다발버섯이나, 옅은 갈색의 수더분한 외모의 외대버섯도 독버섯이다.^{그림 27}

우리를 연구하는 어느 교수님께서는 수업이나 학회 등에서 어떻게 독이 있는 버섯을 구별할 수 있냐는 청중들의 질문을 받으면 항상 이렇게 대답하신다.

"동네 마트에서 버섯들을 팔지요? 그 버섯들이 바로 독이
없는 버섯들입니다. 그러니 그 버섯들을 사서 드시면 됩니다."

너무 단호하고 단순한 대답이라고? 야생에 사는 내 친구들
이 다채롭고 아름답고 심지어 먹음직스러운 버섯을 만들기 때

곰 박사의 연구 노트   방사능 물질의 오염 지표, 버섯

종종 야생 버섯은 중금속뿐 아니라 방사능 물질의 오염에 대한 생물지표로 이용됩니다. 생물지표란 무엇일까요? 생물지표란 그 생물을 관찰함으로써 해당 지역의 생태계 변화, 특히 환경오염을 측정할 수 있는 생물입니다. 어느 하천에서 일급수의 깨끗한 수질에서만 사는 어류나 양서류가 발견되었다는 뉴스를 종종 접할 거예요. 이 경우 발견된 어류나 양서류가 하천이 깨끗하다는 것을 증명하는 생물지표로서의 역할을 한 것입니다.

그렇다면 왜 버섯이 중금속이나 방사능 물질의 생물지표가 될 수 있을까요? 왜냐하면 버섯은 토양 내의 균사를 통해 영양분을 섭취하는데, 이때 오염에 의해 토양으로 유출된 중금속과 방사능 물질이 다른 영양분과 함께 버섯에 축적되기 때문입니다.

1986년에 일어난 우크라이나(당시 소련)의 체르노빌 원전 사고에 대해 들어 봤나요? 원자로의 폭발로 유출된 방사능 물질에 의해 수천 명의 사람들이 목숨을 잃었을 뿐 아니라, 주변 환경이 심각하게 오염되었으며, 지금까지도 무수한 사람들이 방사능 오염과 관련된 질병에 시달리는 매우 비극적인 사고였습니다. 체르노빌 원전과 근접한 지역의 야생 버섯을 조사한 결과, 원전 사고 이전보다 사고 이후의 방사능 물질 농도가 현저히 높았습니다. 또한 원전이 위치한 우크라이나와 그 인접 국가들(벨라루스와 러시아)의 야생 버섯에서는 원전과 거리가 먼 지역의 버섯보다 높은 농도의 방사능 물질이 검출되었습니다.

그렇다면 방사능에 오염된 버섯을 섭취하면 어떻게 될까요? 실제로 야생에서 버섯을 섭취한 사슴이나 순록의 몸에서도 방사능 물질이 검출되었습니다. 사람의 경우 조리나 전처리 과정에 따라 방사능 물질이 희석되기도 하지만, 버섯을 먹은 사람의 몸에도 방사능 물질이 축적될 수 있습니다. 이에 따라 체르노빌 부근의 지역에서 버섯의 채집과 섭취는 금지되었으며, 이와 같은 이유로 2011년 발생한 일본의 후쿠시마 원전 사고 지역에서 통나무를 이용하여 재배한 표고버섯의 소비 및 유통 또한 제한되고 있습니다.

문에 호기심을 자극한다는 것을 알지만, 여러분의 안전을 위해서는 정말 옳은 말씀이라고 생각한다.

곡물에 숨어 있는 곰팡이의 반격, 곰팡이독소

곰팡이독소란 곰팡이가 만드는 독성을 띤 2차 대사산물로, 지금껏 약 400여 개의 물질들이 밝혀졌다. 2차 대사산물이 있다면 1차 대사산물도 있겠지? 1차 대사산물은 생물체의 생존, 발달, 생식에 필수적인 물질들이고, 2차 대사산물은 이러한 과정들에 필수적이지 않으며 대부분 그 기능이 잘 밝혀지지 않은 대사산물의 집합이다.

그렇다면 우리가 만드는 모든 2차 대사산물은 여러분에게 해로울까? 해로운 물질들이 많지만, 도움이 되는 물질들도 있다. 여러분의 질병을 치료하는 페니실린, 세팔로스포린, 스타틴도 우리가 만드는 2차 대사산물들이다.

여기서는 우리가 만드는 곰팡이독소들 중 가장 유명한 물질들을 소개하겠다.

맥각 알칼로이드

맥각이란 자낭균류에 속하는 내 친척인 맥각균이 호밀, 귀리, 보리 등의 곡물이나 풀들을 감염시키면서 형성하는 균핵을 뜻한다.그림 28 균핵은 곰팡이의 균사체가 덩어리처럼 뭉쳐져 딱

딱하게 굳은 조직을 뜻하는데, 추위와 같은 극한 환
경에서 살아남을 수 있다. 맥각균은 자신이 좋아하는
환경으로 바뀌면 균핵으로부터 버섯처럼 생긴 스트
로마라고 하는 기관을 만드는데,^{그림 28} 맥각균의 스트
로마에는 여러 개의 자낭이 들어 있고, 여기에서 자
낭포자가 만들어져 대기 중으로 분산된다. 또한 맥각
균은 자신이 감염시킨 식물에서 균사의 형태로 자라
면서 분생포자경을 만들고 그로부터 형성된 분생포
자를 통해서도 번식한다.

영어로 맥각균의 균핵, 즉 맥각을 '얼굿'이라고
부른다. '얼굿'이라는 단어는 프랑스어로 '수탉의 며
느리발톱'을 뜻하는데, 며느리발톱은 수탉의 발 뒤쪽
에 있어 공격용으로 쓰이는 날카로운 돌기이다. 맥각
의 생김새를 본다면 왜 수탉의 며느리발톱에서 그 이
름이 유래했는지를 쉽게 알 수 있을 것이다.^{그림 28} 맥
각은 어떤 곡류에서 형성되느냐에 따라 크기가 다양
한데, 대개 1~5센티미터에 이르고, 색은 보랏빛이
감도는 검정색이다.

맥각 중독은 맥각에서 만들어지는 알칼로이드라
고 하는 화합물질로 인한 중독인데, 곡류 또는 풀들
에 섞여 있던 맥각을 섭취함으로써 발생한다. 맥각에
중독됐는지를 어떻게 알 수 있냐고? 맥각 중독의 증

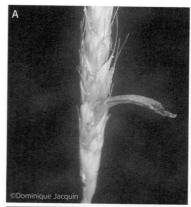

그림 28. **맥각**
A 밀을 감염시킨 맥각균의 균핵. B 맥각에
서 형성된 스트로마.

상은 다양한데, 환각 등의 정신이상 증상을 보이거나, 혈류가 원활하게 흐르지 못해 신체의 말단 부분들의 조직이 죽거나, 중추신경계 이상으로 심한 경련 등을 일으킨다. 맥각은 제분 과정이나 조리를 통해서도 제거되지 않는다.

맥각 중독의 원인이 맥각이라는 사실이 밝혀진 후, 수확한 곡류로부터 맥각을 선별하고 제거하였더니 맥각 중독 발생률이 현저히 줄어들었다. 이와 더불어 농업, 산업체 및 정부에서 곡물 및 기타 작물에 대한 맥각 및 맥각 알칼로이드 함량을 모니터링하고 있기 때문에 현재 맥각 중독으로 인한 인체 피해는 거의 사라졌다. 하지만 맥각 알칼로이드로 오염된 사료를 먹음으로써 발생하는 가축의 맥각 중독은 농축산업에서 여전히 중요한 문제이다.

곰 박사의 연구 노트 ## 역사 속의 맥각 중독

이 그림을 본 적 있나요? 16세기 유럽의 화가 피터르 브뤼헐의 「구걸하는 사람들」이라는 그림입니다. 교과서에도 종종 등장할 만큼 유명한 그림이죠. 이 그림 속에는 팔다리가 없어 목발을 짚고 서 있는 사람들이 있습니다. 이 사람들은 중세의 사람들, 특히 먹을 것이 풍부하지 않았던 사람들이 자주 걸렸던 맥각 중독('성 안소니의 불'이라고도 불림)으로 팔다리를 다친 사람들을 묘사한 것이지요.

맥각에 대한 이해가 적었던 중세에는 많은 사람들이 맥각에 중독되었고, 1800년대에는 맥각 중독으로 인한 사망률이 평균 40퍼센트에 이르렀다고 합니다. 맥각균에 대한 정보가 있었고 식량이 풍부했던 환경이라면 그 피해가 이처럼 크지는 않았을 안타까운 사건입니다.

아플라톡신

고소하고 짭짤한 땅콩버터를 좋아하는지? 미국 등의 서양에서 땅콩버터는 인기가 많아 그만큼 제품도 다양한데, 종종 제품 광고에 '아플라톡신 무함유'라고 쓰여 있는 제품들이 있다. 이는 소비자들이 갖고 있는 아플라톡신 독소에 대한 우려를 반영하는 것이다.

아플라톡신은 전 세계 사람들에게 곰팡이독소의 위험을 알리는 계기가 된 물질이다. 1960년대 초 영국에서 칠면조들이 집단으로 죽는 사건이 발생했다. 칠면조 약 10만 마리가 희생되었는데, 처음에는 그 원인을 몰라서 '칠면조 엑스 질병'이라고 불렀다. 이후 그 원인이 내 가족인 아스퍼질러스 플레이버스가 사료에 포함된 견과류를 오염시키면서 독소를 만들었기 때문으로 밝혀졌다. 이에 따라 그 곰팡이독소는 '아스퍼질러스 플레이버스에서 생성된 독소'라는 뜻의 아플라톡신이라고 불리게 되었으며, 동시에 나는 악명 높은 가족을 두게 되었다.그림 29

아플라톡신은 가축의 사료뿐 아니라 아스퍼질러스 플레이버스에 감염된 다른 곡류, 너트류, 담배 등의 작물에서도 검출된다. 땅콩버터의 원료인 땅콩도 아플라톡신에 오염될 수 있는 대표적인 농산물이다.

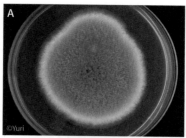

그림 29. **아플라톡신을 만드는 아스퍼질러스 플레이버스**
A 배지에서 자라는 아스퍼질러스 플레이버스. 연두색의 분생포자를 만든다. B 아스퍼질러스의 분생포자경을 현미경으로 관찰한 이미지.

또한 아플라톡신은 아스퍼질러스 플레이버스에 오염된 식물을 먹은 동물의 고기와 우유에서도 검출된다. 고농도의 아플라톡신을 섭취한 가축들은 사망하거나 암에 걸리는데, 특히 여러 장기들 중 간에 큰 손상을 입는다. 대한민국을 비롯하여 대부분의 선진국들에서는 아플라톡신의 허용 기준을 설정하고 식품 및 사료의 아플라톡신 오염을 모니터링하고 있다. 하지만 식량 부족을 겪고 있는 나라에서는 규제가 없거나 있어도 엄격하게 시행되지 못하기 때문에 아플라톡신 섭취의 위험성이 상대적으로 크다.

푸모니신

푸모니신은 나의 친척인 붉은곰팡이들 중 몇몇이 합성하는 곰팡이독소로, 1988년에 처음 사람들에게 밝혀졌다. 푸모니신을 합성하는 주요 곰팡이는 퓨사리움 버티실리오이즈로, 옥수수를 감염시켜 줄기마름병을 일으킨다.

푸모니신에 오염된 식물을 먹은 동물들에서 나타나는 증상 중 가장 잘 알려진 것이 말의 뇌세포를 파괴하는 뇌백질연화증이다. 이 외에도 푸모니신은 돼지와 쥐 등에서 폐수종 및 간 독성을 유발하는 것으로 보고되었다. 인체에 대해서는 푸모니신 섭취와 식도암 사이의 잠재적인 연관성이 제기되었고, 이에 따라 국제암연구기관에서는 푸모니신을 발암물질 등급 2B인 '사람에게 암을 일으킬 가능성이 있는 물질possibly carcinogen to humans'

로 분류하였다.

시트리닌

시트리닌은 나와 가까운 친척인 푸른곰팡이 페니실리움 시트리늄에서 처음 분리된 곰팡이독소로, 이후 다른 푸른곰팡이 종이나 내 가족인 아스퍼질러스의 몇몇 종도 시트리닌을 합성하는 것으로 밝혀졌다. 특이할 만한 점은 여러분에게 유익함을 주는 곰팡이들, 예를 들어 카망베르 치즈를 만드는 페니실리움 카멤베르티와 장을 만들 때 쓰이는 내 가족 아스퍼질러스 오라이제, 그리고 고지혈증 치료제인 스타틴을 합성하는 모나스커스 퍼푸리우스도 시트리닌을 합성한다는 점이다.

그렇다고 해서 이 곰팡이들을 이용하여 만든 모든 식품에 시트리닌이 함유되어 있는 것은 아니고, 설령 함유되어 있다고 하더라도 모든 독성 물질들과 마찬가지로 시트리닌도 그 농도에 따라 건강에 해를 끼치는지 아닌지가 결정된다. 시트리닌에 의해 오염된 밀, 귀리, 옥수수, 보리, 쌀 등의 곡물을 먹은 동물들이 신장 독성을 보인다는 연구 결과가 있으나, 인체에 대한 독성은 아직 명확하게 밝혀진 바가 없다.

우리는 위험하다 2-식물들에게

세균, 바이러스, 그리고 우리 중 일부는 식물을 병들게 할 수 있다. 이들 중 가장 많은 수의 식물병원균이 속한 집단은 무엇일까? 바로 곰팡이다. 수천 종의 곰팡이들이 식물에 질병을 일으키는데, 지금껏 알려진 식물 질병의 70퍼센트가 식물병원성 곰팡이들에 의한 것이다. 식물은 사람과 동물의 주요 식량이기에 식물병원성 곰팡이들은 오래전부터 사람들의 생활과 문화에 큰 영향을 미쳐 왔다.

후에 곰팡이가 아닌 난균류라는 것이 밝혀졌지만 역사상 가장 유명한 식물병원성 곰팡이는 감자역병균이었다. 감자역병균은 1800년대 중반 아일랜드에서 큰 사고를 쳤다. 약 100만 명의 아일랜드 사람들이 기아와 질병으로 사망하고, 약 200만 명이 다른 나라로 이주한, '아일랜드 대기근'이다. 정치 외교적 이유도 있었겠지만 가장 큰 이유는 바로 우리와 매우 유

사한 생물 난균류의 일종인 감자역병균에 의한 감자
마름병이었다. 당시 아일랜드 서민들의 주된 식량원
이었던 감자를 수확할 수 없게 되자 기근이 악화된
것이다.

감자역병균의 학명인 Phytophthora는 그리스
어로 식물을 뜻하는 'phyto'와 파괴자를 뜻하는
'phthora'가 합쳐진 이름이다. 그만큼 감자역병균은
감염된 식물에 치명적인 영향을 미친다. 감자역병균
에 감염된 감자의 잎과 줄기에는 흑갈색의 점무늬가
나타나는데,그림 30 감자역병균이 좋아하는 기후 상태
에서는 이 점무늬가 발견된 후 며칠 이내에 감자 전
체가 파괴될 정도로 강력한 병원성을 나타낸다.

앞에서 말했듯이 감자역병균은 사실 곰팡이가 아
닌 난균류이다. 난균류는 800종 이상으로 구성되어
있으며, '물곰팡이'라고도 불릴 만큼 우리와 유사한
점이 많다. 난균류도 우리처럼 진핵생물이며, 포자로
번식하고, 영양분을 주변으로부터 흡수한다. 실제로
이러한 유사성 때문에 사람들은 난균류를 우리처럼
취급하기도 한다(균학책에도 난균류는 우리와 함께 소개되
어 있다).

하지만 두꺼운 세포벽을 가진 난포자를 형성하
고, 세포벽의 주요 성분이 키틴이 아닌 베타글루칸과

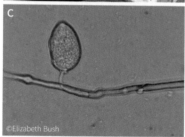

그림 30. **감자역병균**
A-B 감자역병균에 감염된 감자의 잎(A)과
감자덩이(B). C 감자역병균의 포자낭. D 포
자낭에서 나오는 유주포자.

셀룰로스라는 점은 우리와 다르다. 난포자 이외에도 난균류들은 병꼴균류처럼 유주포자를 만들 수 있는데,_{그림 30} 편모의 개수가 하나인 병꼴균류와 달리 난균류들의 유주포자에는 두 개의 편모가 달렸다. 이와 같은 특징 때문에 난균류들은 진화상으로 동물에 가까운 우리와는 달리 조류에 가까운 생물이다. 아, 여기서 말하는 조류는 새가 아니라 주로 물속에 살며 광합성을 하는 원생생물을 뜻한다. 종종 뉴스에서 강이 녹조류에 오염되었다는 소식을 접할 텐데, 녹조류는 조류의 한 종류다.

2012년 한 과학 저널은 전 세계적으로 훌륭한 연구 성과를 거둔 식물병리학자들의 의견을 수렴하여 세계 제10대 식물병원성 곰팡이들을 선정하였다.

1위부터 10위까지 순서대로 나열하면 벼도열병균, 잿빛곰팡이, 줄기녹병균, 붉은곰팡이들인 푸사리움 그래미니아룸과 푸사리움 옥시스포룸, 블루메리아 그래미니스, 미코스파렐라 그라미니콜라, 콜레토트리쿰(또는 탄저병균이라고도 불린다), 옥수수 깜부기, 마지막으로 아마녹병균인 멜람프소라 리니다. 이름이 좀 어려운데, 학명만 있고 한글로 된 이름은 없는 곰팡이들이어서 그렇다. 10위 안에 든 식물병원성 곰팡이들 중 3위인 줄기녹병균과 9위인 옥수수 깜부기, 10위인 아마녹병균만이 담자균류에 속하고 나머지는 모두 자낭균류에 속한다.

식물병리학자들은 순위를 매김으로써 사람들에게 주요 식물병원성 곰팡이들에 대한 정보와 질병의 위해성을 알리고 나아가 해당 분야의 연구자들을 격려하려는 의도였겠지만, 10위 안에 포함된 곰팡이들에게는 성공적인 병원성 곰팡이로서의 자긍심을 느낀 계기가 되었다.

그래서 나는 5위 안에 든 곰팡이들을 직접 인터뷰하기로 했다. 3위인 줄기녹병균은 이미 이 책의 앞부분에서 소개하였으므로(각기 다른 모양의 포자 5개를 만드는 바로 그 친구) 인터뷰하지 않았다. 다음은 내가 그들을 만나 나눈 이야기들을 요약한 것이다. 앞으로도 소개할 곰팡이들이 많기 때문에 최대한 여러분이 중요하다고 생각할 만한 정보들만 골라 실었다.

로비갈리아와 줄기녹병균
A 고대 로마의 달력의 일부. 로비갈리아에 대한 설명이 나와 있다. B 줄기녹병균에 감염된 밀.

곰 박사의 연구 노트   **로비갈리아 축제란?**

고대 로마 사람들에게 큰 두려움을 주었던 곰팡이가 있습니다. 그들의 주식이었던 밀을 감염시켜 생산량을 크게 떨어뜨리는 줄기녹병균이었죠. 이 곰팡이는 현재에도 중요한 식물병원성 곰팡이입니다. 옛날 사람들은 두려움이 되는 대상을 달래기 위해 제물을 바치는 행사들을 했는데, 고대 로마에서 해마다 4월 25일에 열린 로비갈리아라고 하는 축제도 한 예입니다.

이 축제는 신에게 그해의 농작물을 질병으로부터 보호해 달라고 기원하면서 개를 제물로 바치던 행사였습니다. 신의 이름은 로비구스 또는 로비고라고 불렸는데, 이 이름은 밀을 감염시키는 줄기녹병균에서 유래했죠. 지금도 식물병리학을 공부하는 학생들이 4월 25일이면 로비갈리아 축제를 기리며 행사를 하기도 합니다. 로마 시절의 의상인 토가를 입고, 로비구스 신에게 간청하는 연설을 한 후, 모닥불을 피워 개 모양의 인형을 불태우지요. 역사 속 축제를 재현하면서 줄기녹병균에 대한 경각심을 갖는 즐겁고 의미 있는 행사입니다.

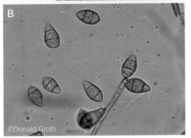

그림 31. **벼도열병균**
A 벼도열병에 걸린 벼의 잎. B 벼도열병균
의 분생포자.

대망의 1위, 벼도열병균

벼도열병균은 벼도열병稻熱病('벼'를 뜻하는 한자 도稻
와 '열 또는 불에 타다'를 뜻하는 한자 열熱)을 일으키는 내
친척으로 사상형 곰팡이다. 유성생식도 가능하지만
주로 무성생식의 결과 생성된 분생포자가 벼나 밀 등
의 식물에 자리 잡아 감염을 일으킨다.그림 31 1위를 차
지한 식물병원성 곰팡이어서 그런지 대단한 자부심
이 느껴지는 벼도열병균을 만났다.

나 세계 제10대 식물병원성 곰팡이들 중 1위로
뽑힌 것을 축하합니다. 본인이 1위를 차지한 이유가
뭐라고 생각하나요?

벼도열병균 감사합니다. 전 세계 인구의 대략 반
정도가 쌀을 주식으로 하는 것이 첫 번째 이유겠
지요. 나로 인해 감염된 벼의 경우 수확량이 최소
10~30퍼센트 감소하고, 기후 조건 등이 완벽하다면
이보다 더 심각한 손실을 입을 수 있기 때문입니다.
벼농사를 짓는 사람들의 입장에서는 한시도 안심할
수 없는 식물병원성 곰팡이죠.

나 벼의 어떤 부분을 감염시키나요? 특히 좋아하
는 벼의 부위가 있나요?

벼도열병균 나는 벼의 잎, 줄기, 이삭, 씨앗을 주로 감염시키고, 드물지만 뿌리까지도 감염시킵니다. 대표적인 감염 증상으로는 잎에 생긴 다이아몬드 모양의 병변입니다.

나 그렇다면 식물병원성 곰팡이로서 어떤 전략을 갖고 있나요?

벼도열병균 나의 분생포자는 식물의 표면에 앉아 발아한 후 식물 내부로 침투하기 위한 준비 단계에서 특별한 조직을 형성하는데, 그 조직을 부착기라고 합니다.

나 부착기가 어떤 역할을 하나요? 그리고 부착기는 곰팡이들 중 당신만이 갖고 있나요?

벼도열병균 부착기는 돔 형태의 조직인데, 부착기 내부로부터 생성된 팽압이 증가하면 못과 같은 모양이 되어 식물 조직을 뚫습니다. 여러 식물병원성 곰팡이들이 부착기를 갖고 있는데, 내 부착기 형성 메커니즘은 식물병원성 곰팡이와 숙주와의 상호작용을 이해하기 위한 대표적인 연구 주제이기도 합니다.

나 사람들이 당신에 대해 관심이 무척 많다는 사실을 알고 있나요?

벼도열병균 그럼요. 나의 유전자 정보는 식물병원성 곰팡이들 중 가장 먼저 밝혀졌고 사람들에게 공개되었습니다. 이를 통해 사람들은 분자생물학적 측면에서 내 유전자 중 어떤 유전자들이 병원성과 관련 있는지 조사할 수 있게 되었습니다.

나 끝으로 사람들에게 하고 싶은 이야기가 있나요?

벼도열병균 사람들이 나로 인한 감염에 저항성을 띤 벼 품종들을 개발하고, 실용화하고 있다는 것을 압니다. 하지만 벼도열병은 아직 완전히 제어되고 있지 않습니다. 벼는 지구상에 살고 있는 많은 사람들의 주된 식량원이기 때문에, 싫든 좋든 당분간은 내가 세계 제1위 타이틀을 유지할 수 있을 것이라 생각합니다. 나는 호락호락하지 않습니다. 그러므로 여러분도 분발해 주세요. 이상입니다.

두 얼굴을 가진 곰팡이, 잿빛곰팡이

잿빛곰팡이는 자낭균류에 속하는 나의 친척으로, 사상형으로 자란다. 잿빛곰팡이의 학명인 Botrytis cinerea는 그리스어로 '포도송이'를 뜻하는 botrus와 라틴어로 '잿빛을 띠는'을 뜻하는 cinereus에서 유래하였다. 잿빛곰팡이는 분생포자경에서 분생포자를 만들고,그림 32 겨울을 견딜 수 있는 균핵을 형성한다.

달콤한 과일들과 향기로운 꽃들을 먹으면서 사는 곰팡이라 그런지 잿빛곰팡이는 인터뷰 내내 즐거워 보였다.

나 세계 제10대 식물병원성 곰팡이들 중 2위로 뽑힌 것을 축하합니다. 소감을 간단히 말해 주겠어요?

잿빛곰팡이 감사합니다. 저도 매우 기뻐요. 사실 1위를 벼도열병균에게 내준 것은 안타깝지만, 제가 병을 일으키는 식물들은 쌀 같은 사람들의 주식이 아니니 결과를 받아들여야겠지요.

나 가장 즐겨 먹는 식물들은 무엇인가요?

잿빛곰팡이 저는 포도 병원균으로 가장 잘 알려져 있지만, 다른 베리류를 포함한 여러 과일과 채소들 그리고 꽃과 같은 원예 농산물을 포함하여 200종 이상의 식물들을 먹습니다.

나 그러한 식물들이 당신에 감염되었다는 것을 사람들은 어떻게 알 수 있죠?

잿빛곰팡이 감염 증상은 식물의 종류에 따라 다양한데, 잎과 열매의 조직이 물러지고 그 부위에서 회색의 분생포자가 자라는 것이 일반적입니다. 의심이 되는 부위를 수집해서 현미경으로 관찰하면 나의 분생포자경과 분생포자를 볼 수 있죠. 특히 나의 분생포자경은 나무와 같은 아름다운 모양이어서 금방 알 수 있을 거예요.

나 식물병원균으로서 당신이 큰 영향력을 갖고 있다는 것이 실감 나는지요?

잿빛곰팡이 네. 아무래도 제가 먹는 식물들과 관련한 사업들에 막대한 자본이 투자되기 때문일 거예요. 포도는 전 세계적으로 사랑받는 알코올 음료인 와인

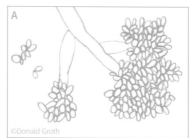

그림 32. **잿빛곰팡이**
A 잿빛곰팡이의 분생포자경과 분생포자. B 귀부와인인 토카이 아수 와인. C-D 잿빛곰팡이에 감염된 포도와 딸기.

을 만드는 주원료인데, 내가 포도를 감염시켜서 와인 산업에 큰 타격을 입히죠. 뿐만 아니라 원예 농업에서도 저로 인한 감염 때문에 농작물의 상품성이 떨어져서 해마다 큰 손실이 생기거든요.

나 사람들이 당신을 막기 위해 여러 가지 노력을 할 텐데요?

잿빛곰팡이 나로서는 반갑지 않은 일이지만 실은 그래요. 가장 일반적인 방법은 살균제 처리인데, 나를 제어하기 위해 쓰이는 살균제가 전 세계 곰팡이 살균제 시장의 10퍼센트를 차지할 정도예요. 하지만 내가 먹는 식물 중에는 딸기, 토마토와 같은 잔류 농약 문제들이 생길 수 있는 과일이나 채소들도 포함되어 있기 때문에, 사람들이 살균제 처리를 대체할 수 있는 방법들을 열심히 찾고 있는 것으로 알고 있습니다.

나 예를 들자면 어떤 방법들이 있죠?

잿빛곰팡이 나에 의한 감염은 습도가 높거나, 볕이 잘 들지 않으면 더욱 악화돼요. 따라서 작물을 심을 때에 작물들 사이의 공간을 넓게 해서 공기가 원활히 흐르도록 하거나, 비가림 천막을 이용해서 잎이나 과실들이 물에 닿지 않게 하거나, 또 수확한 농작물의 경우 저온에서 보관하고 상처가 나지 않게 하는 것 등이 방법이 될 수 있어요.

나 당신에 대해 사람들이 얘기할 때 항상 함께 언급되는 것이 있어요. 바로 귀부와인입니다. 단맛이 강하고 일반 와인보다 비싼(값비싼 귀부와인은 한 병에 65만 원 이상인 경우도 있다) 이 와인에 대해 설명해 주겠어요?

잿빛곰팡이 아, 귀부와인의 발견은 나의 의도와는 상관없이 일어난 해프닝이에요. 내가 감염시킨 포도는 대부분 상품으로서의 가치를 잃지만, 밤에는 습하고 낮에는 건조하며 물이 잘 빠지는 토양일 경우 포도가 수분을 잃고 건포도처럼 되면서 단맛이 더욱 강해진다는 것을 사람들이 우연히 발견한 거죠. 내가 포도의 산도 등을 변화시키기 때문에 일반 포도보다 달고 독특한 풍미를 가진 포도가 되죠.

나 잘 알려진 귀부와인에는 어떤 것들이 있죠?

잿빛곰팡이 귀부와인은 16세기부터 만들어졌는데, 세계적으로 유명한 귀부와인 상표로는 생산지의 이름을 딴 프랑스의 소테른 와인, 헝가리 토카이 아쑤 와인, 그리고 독일의 라이가우 와인이 있어요.^{그림 32} 요즘에는 호주, 뉴질랜드, 남아프리카, 미국의 캘리포니아에서도 귀부와인을 생산한다고 해요.

나 귀부와인이 일반 와인에 비해 비싼 이유는 무엇인가요?

잿빛곰팡이 귀부와인을 만드는 데에 이용되는 포도는 일반적인 포도보다 재배 시일이 길고 기후 등 재배 환경에 더 민감하기 때문이에요.

나 귀부와인은 당신이 사람들에게 뜻밖의 즐거움을 준 사례네요.

잿빛곰팡이 네. 하지만 귀부와인은 내가 사람들에게 이롭게 쓰이는 드문 사례이고, 내가 주요 식물병원균이라는 사실에는 변함이 없어요. 아직도 나로 인한 농작물의 피해를 예방하거나 감소시키기 위해 해마다 매우 큰 액수의 비용이 들고 있으니, 나를 위협적인 식물병원균으로 대해 주길 바라요. 그럼 안녕.

이삭을 바싹바싹 말리는 푸사리움 그래미니아룸

푸사리움 그래미니아룸은(이하 '그래미니아룸') 붉은곰팡이 (푸사리움) 가족의 구성원이며, 지베렐라 제애라는 이름으로도 불리는 자낭균류의 곰팡이다. 무성 및 유성생식 모두가 가능하며, 무성생식을 통해 카누 모양의 대형분생포자를,그림 33 유성생식을 통해 자낭포자를 형성한다. 그래미니아룸은 색은 화려하지만 의외로 매우 털털하고 상대방을 편하게 해 주는 곰팡이였다.

나 세계 10대 주요 식물성 곰팡이 중 4위를 차지했습니다. 축하합니다.

그래미니아룸 아, 고맙습니다. 그 많은 식물병원성 곰팡이들 중 4위라니, 처음에 그 소식을 듣고는 믿기지 않았어요. 기쁩니다. 그나저나 사람들에게 우리를 소개하는 책에 병원균인 나는 적대적으로 묘사되는 것 아닌가요? 하하.

나 되도록 객관적인 입장에서 우리에 대한 정보를 사람들에게 알리고자 하는 책이니, 너무 염려하지 않아도 돼요. 주로 어떤 식물들을 감염시키나요?

그래미니아룸 네. 나는 전 세계적으로 활동하는데 주로 밀, 보리, 귀리와 같은 곡식류를 감염시켜 이삭 마름병을 일으킵니다.

나 감염된 식물들은 어떤 증상을 나타내는데요?

그래미니아룸 내가 감염시킨 식물의 이삭 부분은 부분적으로 표백된 색을 띠어서 눈에 확 들어오죠.그림 33 기후가 따뜻하고 습한 지역에서 빠르게 성장하기 때문에, 내 포자 색깔인 핑크색을 띠는 이삭들도 나타날 수 있습니다. 또한 곡물 알갱이가 수축되어 주름이 생기고 변색되며 그 무게가 감소하기도 하지요.

나 이삭마름병 이외에도 곰팡이독소로 인한 중독 문제도 일으킨다고 들었습니다. 어떤 종류의 곰팡이독소를 만드나요?

그래미니아룸 디옥시니발레놀과 제랄레논이 가장 잘 알려진 독소들이죠.

나 그 독소들에 중독되면 어떤 증상을 보이죠?

그래미니아룸 디옥시니발레놀은 구토 독소라고도 불리는데, 돼지를 비롯한 가축들이 구토 독소에 중독될 수 있죠. 사람들도 구토 독소가 함유된 식품을 먹을 경우 구토, 발열, 두통 등의 증상을 보이고 소화기

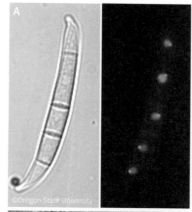

그림 33. 푸사리움 그래미니아룸과 이삭마름병
A 푸사리움 그래미니아룸의 대형분생포자. 오른쪽에 있는 검은 바탕의 이미지는 형광 현미경으로 관찰한 것인데, 녹색 동그라미들은 핵을 나타낸다. 대형분생포자는 핵을 가진 여러 개의 세포로 구성되어 있다. B 이삭마름병에 걸린 밀.

관과 주요 장기들의 기능에 문제를 일으킬 수 있어요.

나 제랄레논도 유사한 증상을 일으키나요?

그래미니아룸 제랄레논은 달라요. 제랄레논은 동물과 사람에게 생식 관련 질병들을 유발합니다.

나 당신으로 인한 농작물의 피해를 막기 위해 사람들이 기울이고 있는 노력의 한 예로 이삭마름병의 질병 예측 모델을 들 수 있습니다. 이 모델은 현재 미국에서 일반인에게 공개하여 이용하도록 하고 있습니다. 이 모델에 대해서 들어 본 적 있는지요?

그래미니아룸 잘 알고 있어요. 처음에 사람들이 나로 인해 발생하는 이삭마름병을 예측한다고 했을 때 솔직히 심각하게 받아들이지 않았어요. 왜냐면 질병 예측 모델을 개발하려면 고려해야 할 변수들이 많고 질병의 원인이 되는 병원균에 대한 이해가 뒷받침되어야 하거든요. 쉽지 않은 일이에요. 그래서 실제로 질병 예측 모델을 갖고 있는 식물병원성 곰팡이가 많지 않고요.

나 질병 예측 모델에 대해 많은 정보를 갖고 있는 느낌인데요?

그래미니아룸 하하. 네. 이삭마름병에 대한 예측 모델이 어느정도 효과를 보는 것 같아 조금 긴장했거든요.

나 질병 예측 모델에 대해서 간략히 설명해 주세요.

그래미니아룸 네. 질병 예측 모델은 강우, 온도 등의 기후 조건 및 식물의 성장 단계에 따라 식물이 나타내는 질병의 정도 혹은 병원균의 수를 예측하는 프로그램으로, 식물 질병 경고체계라고도 불리죠. 이 모델들은 기후와 같은 환경요소와 감염 대상 식물의 특성을 고려하여 특정 병원균으로 인한 식물 질병을 예측하게 함으로써, 농업 종사자들이 식물 질병 관리를 위해 시간과 비용 면에서 효율적인 결정을 내리도록 돕습니다.

나 질병 모델이 농업 종사자들의 효율적인 결정을 돕는다고 했는데, 예를 들면 어떤 경우가 있을까요?

그래미니아룸 예를 들어 비용이 많이 드는 살균제를 뿌릴 날짜를 결정하는 데에 질병 예측 모델이 이용될 수 있고요. 또한 병원균이 활발히 활동하는 시기가 예측되면, 그 기간 동안 질병으로 인한 피해를 예방할 수 있는 대책을 강화할 수 있습니다.

나 네. 잘 알겠습니다. 인터뷰에 응해 주셔서 고맙습니다.

바나나여 안녕? 푸사리움 옥시스포룸

5위를 차지한 푸사리움 옥시스포룸(이하 '옥시스포룸')은 이름에서 알 수 있듯이 4위인 푸사리움 그래미니아룸과 형제이다. 푸사리움 그래미니아룸과 달리 옥시스포룸은 질문 하나하나에 오랫동안 생각하고 답하는 신중한 성격의 곰팡이였다.

나 그래미니아룸과 함께 두 종의 붉은곰팡이들이 세계 제

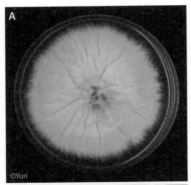

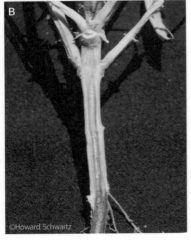

그림 34. **푸사리움 옥시스포룸과 관다발시**
들음병
A 실험실에서 기른 푸사리움 옥시스포룸.
B 관다발시들음병에 걸린 콩.

10대 식물병원성 곰팡이로 선정된 것을 축하합니다. 가족들이 10위 안에 함께 들어 있는 경우는 붉은곰팡이 외에는 없습니다.

옥시스포룸 고맙습니다. 우리 가족 구성원 모두 기쁘게 생각하고 있습니다.

나 그래미니아룸과는 다른 당신만의 개성은 무엇인가요?

옥시스포룸 그래미니아룸과 나는 다른 점들이 많습니다. 한 예로 나는 무성생식으로만 번식하고 토양에 존재하면서 식물을 감염시킵니다. 또한 감염시키는 식물들과 질병의 증상도 달라요.

나 어떤 점이 다르지요?

옥시스포룸 그래미니아룸은 주로 곡식류를 감염시켜 이삭마름병을 일으키지만, 나는 수박, 멜론, 호박, 오이를 비롯하여 여러 박과에 속하는 채소들을 감염시켜 관다발시들음병을 유발합니다.

나 질병의 증상도 다르다고 하셨는데, 어떤 점이 다른가요?

옥시스포룸 관다발시들음병에 걸린 식물은 일부 또는 전체가 누렇게 되고 시들며 결국엔 썩게 돼요. 관다발시들음병을 진단하는 가장 일반적인 방법은 뿌리 또는 줄기 부분에 있는 물관의 변색을 살펴보는

것입니다.그림 34

나 자신이 5위에 선정된 이유가 뭐라고 생각하나요?

옥시스포룸 훌륭한 식물병원성 곰팡이들이 있음에도 제가 선정된 이유는, 제가 감염시키는 과일과 채소들이 전 세계적으로 재배되고, 특히 열대 또는 건조한 지역에서는 탄수화물 및 수분의 중요한 제공원이기 때문인 것 같습니다.

나 당신은 여러 형태의 포자를 만든다고 들었어요. 어떤 것들이 있지요?

옥시스포룸 나는 소형분생포자, 대형분생포자, 그리고 후막포자라고 하는 세포벽이 두껍고 상대적으로 크기가 큰 포자를 만듭니다. 후막포자는 겨울을 비롯한 혹한 환경에서 살아남을 수 있기 때문에 생존에 중요할 뿐 아니라, 후막포자로부터 형성된 균사를 이용하여 뿌리 내부로 침투하기 때문에 가장 중요한 감염원입니다.

나 당신이 식물을 감염시키는 과정을 설명해 주겠어요?

옥시스포룸 많은 종류의 식물병원성 곰팡이들이 식물을 감염시키면서 잎, 줄기, 또는 열매의 표면에서 생장하고 포자를 형성하는 것과 달리, 나는 대부

그림 34. C 파나마병에 걸린 바나나 나무.
D 파나마병에 걸린 바나나의 관다발 내부.

분의 감염 기간 동안 식물 내부에 머무르면서 전신으로 퍼집니다. 그러다가 식물이 죽을 때 즈음, 즉 감염 말기에 이르러 줄기 밖으로 나와 하얀 균사로 자라면서 대형분생포자를 형성합니다. 대형분생포자는 다시 토양으로 돌아가 그곳에서 후막포자로 분화되어 다음 농작물 재배 시기가 오면 새로운 식물들에 감염을 일으킵니다.

나 당신이 식물병원균으로서 전 세계적으로 이름을 알린 계기가 있습니다. 바로 바나나의 파나마병 때문입니다.^{그림 34} 어떤 사건이었지요?

옥시스포룸 바나나와 바나나를 재배하는 사람들에게 고통스러운 기억을 상기시키는 것 같아 미안하네요. 파나마병 사건은 제가 1950년대에 상업적으로 가장 널리 재배되었던 '그로 미셸'이라는 바나나 품종을 광범위하게 감염시킨 사건입니다. 이로 인해 1960년대 중반 그로 미셸은 전 세계 시장에서 완전히 자취를 감췄습니다.

나 하지만 사람들은 지금도 바나나를 쉽게 구할 수 있는데요?

옥시스포룸 지금 사람들이 재배하고 소비하는 바나나는 품종이 다릅니다. 그로 미셸이 멸종된 후 사람들은 카벤디시라고 하는 새로운 바나나 품종을 재배하기 시작했어요. 이 품종이 파나마병에 대한 내성이 있었기 때문이지요. 하지만 사람들의 말을 빌리자면 그로 미셸이 카벤디시보다 맛이 좋았다고 합니다.

나 근래에 들어 카벤디시조차 당신 때문에 멸종될지 모른다는 소식이 종종 들립니다. 어떻게 된 일인가요?

옥시스포룸 파나마병에 내성이 있는 카벤디시 품종을 기른다고 해서 영원히 나로 인한 바나나 질병을 막을 수는 없습니다. 자연환경 속의 나는 세대를 거쳐 유전적 변형을 통해 카벤디시 품종을 감염시킬 능력을 기를 수 있기 때문입니다.

나 그렇다면 당신은 스스로를 변형시켜 보다 나은, 아니 강한 병원균이 된 것인가요?

옥시스포룸 그렇습니다. 자연 상태에서 우리의 유전적 변형은 생존을 위한 한 방법입니다. 카벤디시 품종을 심는 것으로 안심했던 사람들은 어느 날 다시 바나나가 병이 들자, 새로운 병원균으로 인한 질병이라고 생각했던 것 같아요. 하지만 과학자들의 연구 결과 병원균은 바로 변형된 형태의 나였습니다. 그들은 나를 '열대 균종 4'라고 이름 붙이고 나로 인한 바나나의 질병을 예방하고 제어하기 위해 다시 노력하고 있습니다.

나 사람들이 특정 병원균에 저항성을 보이는 작물을 재배하는 것은 식물병원성 곰팡이 감염에 대한 주요 예방법입니다. 벼도열병균과의 인터뷰에서 그도 사람들이 벼도열병에 저항성이 있는 벼를 개발하고 있다는 것을 잘 알고 있었습니다. 그런데 왜 당신의 바나나 감염은 한 품종의 멸종이라는 극단적인 결과를 낳았을까요?

옥시스포룸 파나마병이 바나나라는 특정 과일에 큰 영향을 미칠 수 있었던 가장 큰 이유는 사람들이 유전적으로 동일한 하나의 바나나 품종을 재배하기 때문입니다. 현재 전 세계적으로 재배되고 거래되는 바나나의 99퍼센트가 카벤디시 품종이에요.

나 같은 품종을 심는 것이 왜 당신이 질병을 유발하는 데 유리한가요?

옥시스포룸 유전적 배경이 같은 한 품종을 심으면 그 품종에 대해 감염성이 높은 병원균이 등장했을 때에 걷잡을 수 없이 질병이 퍼져 나가고, 결국 해당 품종이 멸종됩니다. 하지만 다양한 유전적 정보를 가진 품종을 심으면 일부는 여전히 나에 감염되겠지만, 나머지 다른 품종은 내성이 있을 수 있거든요.

나 그렇다면 바나나의 유전적 다양성을 고려하는 것이 파나마병을 예방하는 일이 될 수 있겠군요?

옥시스포룸 그렇습니다. 곰팡이 살균제나 기타 방법들을 이용해 나를 제어하는 것도 필요하겠지만, 재배 작물의 유전적 다양성을 높이는 것도 중요한 요소입니다.

나 식물병원성 곰팡이가 동물에 감염을 일으키는 경우는 흔하지 않습니다. 하지만 최근 당신으로 인한 인체 감염 사례가 늘어나고 있습니다. 당신은 인체에 어떠한 질병을 유발하나요?

옥시스포룸 면역력이 약한 사람들이 나의 포자를 들이마실 경우 폐렴 등의 호흡기 질환에 걸릴 수 있습니다. 또 상처 난 피부 등을 통해 자라면서 피부감염을 일으키기도 합니다. 최악의 경우에는 혈관을 타고 흘러 전신 감염을 일으켜 생명을 앗아 갈 수도 있습니다.

나 그렇군요. 어쩌면 먼 훗날 식물병원성 곰팡이가 아닌 주요 동물병원성 곰팡이로서 당신을 인터뷰하게 될지도 모르겠어요.

옥시스포룸 당신이 아끼는 독자들을 위해서는 그런 일이 일어나서는 안 되겠지요. 하지만 식물과 동물을 동시에 감염시킬 수 있는 나의 능력은 이미 병원성 진균학자들의 주목을 받고 있어요.

나 네. 잘 알겠습니다. 장시간 인터뷰에 응해 주셔서 고맙습니다.

옥시스포룸 네. 사람들에게 너무 많은 정보를 준 것 같아 조금 걱정이 되지만, 즐거운 대화였습니다.

나머지 6위에서 10위까지의 곰팡이는 직접 인터뷰하지는 못했지만 그들에 대한 간략한 소개를 하고자 한다.

6위인 블루메리아 그래미니스는 자낭균류의 곰팡이로 밀과 보리를 감염시키는데, 감염된 식물 표면에 흰 가루가 묻은 것 같은 증상이 나타나는 흰가루병을 일으킨다.^{그림 35A}

7위인 미코스파렐라 그라미니콜라는 셉토리아 트리티시

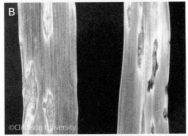

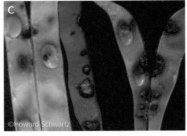

그림 35. **기타 주요 식물병원성 곰팡이들**
A 블루메리아 그래미니스에 의해 흰가루병에 걸린 보리. B 미코스파렐라 그라미니콜라에 의한 얼룩무늬병. C 콜레토트리쿰에 의한 탄저병.

라고도 불리는데, 밀의 잎에 얼룩무늬병을 일으키는 자낭균류 곰팡이로, 유럽과 미국뿐 아니라 전 세계적으로 밀을 재배하는 지역에서 밀의 수확량을 최대 50퍼센트까지 떨어뜨릴 수 있는 중요한 병원균이다.그림 35B

8위인 콜레토트리쿰 가족들은 거의 모든 작물을 감염시킬 수 있는 자낭균류의 곰팡이인데, 전 세계적으로는 열대 과일이나 커피 등과 같은 작물들 및 옥수수와 사탕수수를 감염시킨다. 또한 대한민국에서도 고추 등을 비롯한 여러 작물들을 감염시키는 병원균이다. 콜레토트리쿰에 감염된 식물은 한 부분이 썩거나 불에 탄 것과 같은 증상을 나타내는 탄저병anthracnose에 걸린다.그림 35C 동물이 걸리는 탄저병anthrax은 세균에 의한 치명적인 질환으로 식물의 탄저병과는 다르다.

9위는 옥수수 깜부기로 앞에서 소개하였다.

10위는 아마녹병균으로 아마에 녹병을 일으키는 곰팡이다. 아마녹병균은 식품 및 섬유 산업에 중요한 작물인 아마의 병원균으로서뿐 아니라, 녹병으로 인한 식물 감염의 연구 모델로도 활동하고 있다.

나무를 먹어 치우는 목재부후균

효소를 몸 밖으로 분비하여 주변 물질을 분해하는 곰팡이의 능력은 자연의 물질 순환에 매우 중요합니다. 동식물의 사체, 심지어 생활 폐기물들까지도 곰팡이를 포함한 미생물들에 의해 분해되어 지구상의 여러 생물들이 살아가는 데 필요한 자원이 됩니다. 그런데 종종 곰팡이의 이 능력이 살아 있는 나무뿐만 아니라 목재에 악영향을 미치기도 합니다. 대표적인 예가 바로 나무를 썩게 만드는 목재부후균입니다.

목재부후균이란 살아 있거나 죽은 나무에서 살면서 효소를 분비하여 나무를 썩게 하는 곰팡이들로 갈색부후균과 흰색부후균이 대표적입니다. 이들의 이름은 그들이 분해하고 남은 나무 조직의 색에서 유래하였습니다. 나무의 조직은 셀룰로스(섬유소), 헤미셀룰로스, 리그닌으로 구성되어 있는데, 셀룰로스와 리그닌은 지구상에서 가장 풍부한 물질들입니다. 갈색부후균은 나무의 성분 중 셀룰로스와 헤미셀룰로스를 주로 분해하기 때문에 남아 있는 리그닌에 의해 나무가 갈색을 띱니다. 반면 흰색부후균은 주로 리그닌을 분해하기 때문에 남은 셀룰로스에 의해 나무가 흰색을 띠게 됩니다.

숲이나 길거리에서 만난 나무에 버섯이 자라고 있는 모습을 본 적이 있지요? 이 버섯들은 나무를 분해하여 영양분을 먹으며 살아가는 곰팡이의 자실체입니다. 갈색부후균의 예에는 자작나무버섯과 진황녹슨버짐버섯이 있고, 흰색부후균의 예에는 지구상의 살아 있는 생물 중 가장 큰 생물이기도 한 조개뽕나무버섯, 판막버섯, 잔나비불로초버섯 등이 있습니다.

최근 식용으로 인기가 좋아 인공적으로 재배하기도 하는 노루궁뎅이버섯은 '사자 갈기 버섯', '수염 난 치아 버섯' 또는 '원숭이 머리 버섯'이라는 별명을 가지고 있는데, 이 버섯 또한 떡갈나무 등의 활엽수에

목재부후균들
A 갈색부후균에 의해 썩은 나무. B 잔나비불로초버섯. C 노루궁뎅이버섯.

서 자라는 목재부후균의 일종입니다.

살아 있는 나무에도 해롭지만 목재부후균에 의해 목재가 썩는다면 어떤 일이 일어날까요? 먼저 여러분 주변에서 목재로 만든 것들을 찾아봅시다. 건물, 가구, 그리고 나아가 전신주와 철로를 만드는 데에도 목재가 필요합니다. 이 목재가 목재부후균에 의해 썩어 버린다면 위험할 뿐 아니라 경제적 손실도 크겠지요?

그렇다면 목재부후균으로부터 나무와 목재를 보호하는 방법은 무엇일까요? 살아 있는 나무들의 경우 표면에 상처를 내지 않도록 주의함으로써 목재부후균이 나무 속으로 침입하는 것을 막는 것이 도움이 됩니다. 또한 전신주, 철로, 집, 가구 등에 이용되는 목재들에는 화학물질을 처리하여 목재부후균이 침투할 수 없도록 예방하고 있습니다.

우리는 위험하다 3 - 동물들에게도

공포의 양서류 사냥꾼, 항아리곰팡이

1990년대 말부터 세계 곳곳에서 공포 영화의 한 장면 같은 일이 일어났다. 바로 여러 종류의 양서류들이 집단으로 죽어서 하천을 떠다니는 광경이 목격된 것이다. 조사 결과 그 원인은 병꼴균류인 내 친구 항아리곰팡이(또는 와호균이라고도 불린다)에 의한 감염이었다. 모든 양서류들이 감염되는 것은 아니고 양서류의 종류에 따라 감염 정도도 다르지만, 항아리곰팡이 감염으로 어떤 양서류들의 수는 약 40퍼센트나 감소하였고, 심지어 200여 종은 멸종된 것으로 추정된다.

어떻게 이런 일이 일어났을까? 항아리곰팡이는 물속뿐만 아니라 물기가 많은 토양에서도 살고 있는데, 편모가 달린 3~5마이크로미터 크기의 유주포자를 만든다. 양서류의 피부

에 침투한 항아리곰팡이의 유주포자는 피부 속에서 자라 유주
포자낭을 형성하고, 이로부터 생성된 유주포자는 다시 물속으
로 분산되어 다른 양서류를 감염시킨다.

사람들이 항아리곰팡이에 감염된 양서류들을 채집하여 곰
팡이 감염 치료제인 항진균제 용액에 담갔더니 항아리곰팡이
감염을 치료할 수 있었다. 하지만 감염된 모든 양서류들을 실
험실로 데리고 와서 이러한 처리를 할 수 있는 것도 아니고, 물
에다가 항진균제를 다량으로 뿌릴 수도 없기 때문에, 현재까지
도 양서류의 항아리곰팡이 감염에 대한 실질적인 대책은 없다.

1990년대 말 이전에 이 친구는 유명세를 탄 적이 없었는
데, 갑작스럽게 양서류를 감염시키며 등장한 이유들에 대해서
몇 가지 가설들이 있다. 먼저 양서류의 국가 간 수출입으로 항
아리곰팡이가 양서류와 함께 새로운 생태계로 옮겨 가 그곳에
서 살고 있던 양서류를 감염시킨 것이다. 예전에 살던 곳의 양
서류들은 항아리곰팡이와 함께 오랫동안 살아왔기 때문에 항
아리곰팡이에 대한 내성이 있었지만, 새로운 환경의 양서류들
은 처음 만난 항아리곰팡이에 의해 쉽게 감염될 수 있었다는
가설이다.

또한 과학자들은 기존에 숙주-병원균 관계가 아니었던 항
아리곰팡이와 양서류 간의 상호 관계가 기후변화나 살충제 등
으로 인한 물속 환경오염 때문에 달라진 것이 그 원인일 수 있
다고 말한다. 항아리곰팡이 감염은 양서류 수출입이 늘어나면

서 전 세계로 확산되고 있으며, 대한민국에서도 항아리곰팡이에 의한 양서류 감염이 보고되었다.

잠자는 박쥐의 악몽 슈도짐노아스쿠스 데스트럭탄스

박쥐는 어둡고 침침한 동굴에서 살거나 한밤중에 날아다니며 공포 분위기를 자아내기만 하고 생태계를 위해 별로 하는 일이 없다고 생각하는가? 실제로는 꽃가루를 퍼트리고 곤충을 잡아먹는 주요 동물로서 농작물 재배와 보호에 중요한 역할을 한다. 미국에서 조사한 바에 따르면 박쥐가 곤충을 잡아먹음으로써 농가에 주는 이득이 매년 40~500억 미국달러(대한민국 돈으로 약 4~60조 원)에 이른다.

2006년 북미 대륙에서 겨울잠을 자고 있던 박쥐들이 슈도짐노아스쿠스 데스트럭탄스라는 이름의 내 친척에 의해 희생되었다. 이 곰팡이는 박쥐의 코, 귀, 그리고 날개와 같이 털이 없는 피부조직에서 자라면서 피부를 침식시키는데, 이 때문에 겨울잠을 자던 박쥐가 자주 잠에서 깨면서 축적해 두었던 에너지가 없어지고 신체 전반적인 대사 균형이 무너지면서 결국 죽게 된 것이다.

피부에 하얗게 자라는 이 곰팡이 감염을 박쥐흰코증후군이라고 부르는데,그림 36 박쥐흰코증후군으로 미국 북동부 지역의

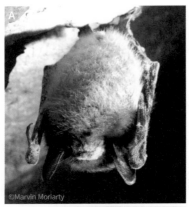

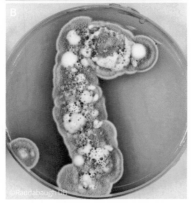

그림 36. **박쥐흰코증후군과 그 원인 곰팡이**
A 박쥐흰코증후군에 걸린 박쥐. 코와 날개 부분에 하얗게 자란 균사가 보인다. B 실험실에서 자란 슈도짐노아스쿠스 데스트럭탄스.

박쥐 수가 약 80퍼센트나 줄어들었고, 다른 지역에도 박쥐흰코증후군이 퍼지고 있다.

왜 하필 겨울잠을 자는 박쥐들이 공격을 당한 것일까? 이 곰팡이는 강낭콩 모양의 분생포자를 만들고 낮은 온도에서 사는 것을 좋아한다. 과학자들이 그를 실험실로 데리고 가서 길러 본 결과 섭씨 3도에서 매우 느리지만 자랄 수 있고, 20도 이상에서는 자라지 못했다. 나는 28~37도에서 가장 왕성하게 자라는데, 냉장고 내부와 비슷한 3도에서 자라는 곰팡이라니 대단하다! 이처럼 슈도짐노아스쿠스 데스트럭탄스가 낮은 온도를 좋아하고 겨울잠을 자는 박쥐들의 면역력이 활동 중일 때와 비교하여 뚜렷하게 떨어지기 때문에 박쥐흰코증후군으로 인한 피해가 컸을 것으로 보고 있다.

아직까지도 박쥐흰코증후군을 막을 수 있는 효과적인 방법은 없다고 하니 박쥐에게는 정말 애석한 일이 아닐 수 없다.

우리는 위험하다 4 - 사람들에게

몸이 아프거나 상처가 나서 병원에 갔더니 "당신은 곰팡이에 감염되었습니다."라는 말을 들은 적이 있는지? 흔히 볼 수 있는 무좀을 제외하고 그런 경우는 많지 않을 것이다. 우리에 의한 인체 감염은 세균이나 바이러스에 의한 감염에 비해 자주 발생하지 않기 때문이다.

사람들을 감염시키는 곰팡이를 인체병원성 곰팡이라고 하며 약 600개체 이상의 인체병원성 곰팡이들이 일으키는 질병들은 대부분 생명을 위협하는 질병이라기보다는 무좀, 비듬, 손발톱 감염과 같은 피상적인 감염으로, 전 세계 인구의 약 25퍼센트가 피상적 곰팡이 감염을 앓고 있다.

무좀은 어른 5명당 1명꼴로 발생하며, 전 세계 인구의 10퍼센트가 겪는 비교적 흔한 질병이니 여러분도 무좀이 있어서 약을 바르거나, 발가락 양말을 신는다고 해서 너무 부끄러워할 필요는 없다.

하지만 우리를 얕잡아 보면 안 된다. 우리는 무좀과 비듬 같은 피상적 감염 이외에도 사람 몸속으로 들어가 심부 또는 전신성 곰팡이 감염을 일으키고, 이로 인해 여러분의 생명을 앗아 갈 수 있다. 사람 몸으로 들어간 포자는 신체 조직에 침투하여 뻗어 나가면서 자라는데, 이러한 감염을 침습성 곰팡이 감염이라고 한다. 전 세계적으로 해마다 약 150만 명의 사람들이 침습성 곰팡이 감염으로 사망한다. 여러분이 알고 있는 결핵이나 말라리아에 의해 사망하는 사람의 수와 유사하거나 많은 숫자이다. 심부 또는 전신성 곰팡이 감염은 진단이 어려우며, 진단 시기를 놓칠 경우 치료가 힘들어지고, 현재 이용되고 있는 치료 방법들에도 한계가 있다.

먼저 피상적 감염에 대해 알아보자. 썩은 나뭇잎을 좋아하며 무엇이든 가리지 않고 잘 먹는 내가 이런 말을 할 자격이 있을까 싶지만, 이 장에서 소개할 곰팡이들의 식성은 참 특이하다. 여러분의 피부조직 또는 지방질을 먹고 살며 무좀과 비듬 등을 일으킨다.

발가락 양말을 신고 있나요? 피부사상균

피부사상균은 동물 또는 사람의 피부를 감염시켜 피부진균증을 일으키는 곰팡이들로, 피부진균증은 가장 흔한 형태의 인체 곰팡이 감염이다. 손발, 두피, 수염, 사타구니, 그리고 손발톱 등 신체의 여러 부위에 나타나며 감염 부위에 따라 다르게 이름 붙인다. 한 예로 여러분이 잘 알고 있는 무좀은 발에 생긴 피부진균증이다.

그렇다면 여러분은 어디서 피부사상균을 만날까? 피부사상균은 동물이나 인체의 피부뿐만 아니라 일반 환경에서도 사는데, 체육관의 탈의실이나 수영장, 공중목욕탕 등과 같은 습한 곳에서 쉽게 그들을 만날 수 있다.

피부사상균 감염은 생명을 위협하지는 않지만 전염성 질병이다. 피부진균증에 걸린 사람과 옷이나 수건, 침대 등을 함께 쓸 때도 전염될 수 있고, 맨발로 여러 사람이 다니는 바닥을 걷다가도 전염될 수 있다. 때때로 피부진균증 증상 없이 피부사상균을 몸에 지니고 있는 경우가 있는가 하면, 면역력이 약한 사람들의 경우에는 증상이 일반인보다 심할 수 있다.

약 40종의 피부사상균들이 피부진균증을 일으키는데, 그들 대부분은 백선균, 소포자균, 그리고 표피사상균 가족들이다.^{그림 37} 이들은 모두 자낭균류에 속하는 나의 친척으로, 사상형 곰팡이다. 가장 유명한 피부사상균은 무좀을 일으키는 적색백선균이다.

피부사상균들에 의한 감염은 동물과 접촉해서 일어나기도 한다. 소포자균 중 잘 알려진 종인 마이크로스포럼 케니스는 두피와 팔다리의 피부진균증을 일으키는 곰팡이로, 고양이

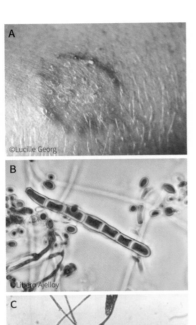

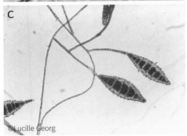

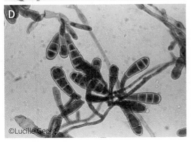

그림 37. 피부사상균과 피부진균증
A 피부진균증의 대표적 증상. B 적색백선균의 포자. C 소포자균의 포자. C 표피사상균의 포자.

와의 접촉을 통해 감염된다. 백선균 중 트리코파이톤 에리나세이는 여러분이 흔히 만나는 동물은 아닐 테지만 고슴도치로부터 감염된다.

백선균, 소포자균, 표피사상균은 모두 피부사상균이지만 자세히 살펴보면 생김새가 다르다.그림 37 백선균의 대형분생포자는 원통형이고 1~12개의 구간으로 나뉘어 있으며, 소형분생포자는 공 모양이고 대형분생포자보다 크기가 작으나 많은 양이 생성된다. 소포자균 중 대표적인 종은 프랑스에만 살고 있을 것 같은 이름의 미크로스포룸 오두앵인데, 그의 대형분생포자는 거친 표면을 갖고 있고 방추형이며 1~15개 구간으로 나뉘어 있어 구분이 쉽다. 에피더모피톤 플로코섬은 대표적인 표피사상균으로 그의 대형분생포자는 곤봉 모양이고 1~9개 구간으로 나뉘어 있다.

비듬은 전염되지 않아요 말라세지아

여러분의 피부에 곰팡이가 살고 있다면 기분이 어떤지? 상상이 아닌 실제로 일어나고 있는 일이다. 말라세지아 곰팡이들은 담자균류에 속하는 효모형 친구들로, 건강한 사람의 피부에도 존재하는 미생물 중 하나이다. 이들은 성장을 위해 지방을 필요로 하기 때문에 주로 피지가 발달된 인체의 피부조직(두피, 얼굴 등 주로 상반신)에서 질병을 일으킨다.

말라세지아는 어루러기(갈색 반점과 탈색된 형태의 반점을 보이는 증상)와 지루성 피부염의 일종인 비듬과 같은 피부 질환을 일으킨다.그림 38 그렇다면 일상적으로 이 곰팡이를 피부에 지니고 있는 대부분의 여러분은 왜 어루러기나 비듬이 없는 걸까(있다면 미안하다)?

이 친구들은 평상시에는 별다른 문제를 일으키지 않고 인체의 피부에서 잘 살고 있다가, 고온의 습한 날씨, 지성 피부, 호르몬의 변화, 그리고 면역력 약화 등과 같은 특정 환경에서만 염증을 유발하며 질병을 일으키기 때문이다. 이러한 질병에 걸리고 안 걸리고는 그 사람의 위생 상태와는 큰 상관이 없다.

어루러기와 비듬이 있다고 해서 큰 통증을 느끼지는 않는다. 하지만 누구도 이러한 피부 질환을 겪고 싶은 마음은 없을 것이다. 왜냐하면 겉으로 나타나는 증상들 때문에 사람들 앞에서 움츠러들기 때문이다. 이러한 고통을 겪고 있는 사람들에게 위로가 되는 정보일지 모르겠지만, 어루러기나 비듬은 무좀과 같은 피부사상균 감염과 달리 전염성이 없다. 그러니 친구의 검은 티셔츠 위에 하얗게 내려앉은 비듬

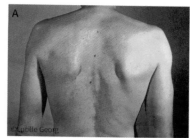
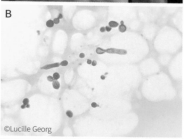

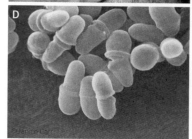

그림 38. **말라세지아**
A 등에 생긴 어루러기. B 어루러기에 걸린 피부에서 관찰된 말라세지아. C 두피에 나타난 지루성 피부염. D 전자현미경으로 말라세지아 곰팡이를 관찰한 이미지.

을 보더라도 친구와 거리를 둘 필요는 없다.

이제부터는 심부 또는 전신성 곰팡이 감염을 알아보자. 심부 또는 전신성 곰팡이 감염을 일으키는 곰팡이들은 일차병원균과 기회병원균으로 나뉜다. 일차병원성 곰팡이들은 건강한 사람들과 그렇지 못한 사람들 모두를 감염시킬 수 있고, 대부분 이형성이며, 특정 지역을 중심으로 감염이 발생한다.

이에 반해 기회병원성 곰팡이는 여러분의 주변 환경 어디나 존재하는 곰팡이들인데, 건강한 사람들의 경우에는 이들에 노출이 되더라도 정상적인 면역 체계 덕분에 아무런 영향을 받지 않지만 면역력이 떨어진 사람들은 감염될 수 있다. 즉, 비병원성이었던 곰팡이가 '기회를 틈타' 병원성 곰팡이로 활동하게 되는 것이다.

전 세계적으로 에이즈, 암, 장기이식 환자들과 같이 질병에 의해 면역력이 저하되거나 혹은 치료 과정으로 면역을 억제시켜야 하는 환자들의 수가 증가하고 있다. 이에 따라 기회병원성 곰팡이에 의한 감염 환자들도 늘어나고 있다. 피상적 곰팡이 감염과 달리 심부 또는 전신성 곰팡이 감염은 인체에 치명적일 수 있기 때문에 중요하다.

나는 식물병원성 곰팡이들과 마찬가지로 주요 인체병원성 곰팡이들을 만나 인터뷰하였고, 그중 일부 내용을 여기에 소개하고자 한다.

내가 인터뷰한 일차병원성 곰팡이들은 콕시디오이드 이미티스, 블라스토미세스 더마티티디스, 그리고 히스토플라스마 캡슐라툼이다. 이들은 특정 지역에서만 살기 때문에 인터뷰를 위해 내가 그들이 사는 곳으로 가야 했다.

모두 이형성 곰팡이들이고 특정 환경에 반응하여 외모를 바꾸는데 온도의 변화가 가장 대표적인 요인이다. 형태를 바꿀 수 있는 능력은 그들이 가진 병원성과도 밀접하게 연관되어 있다. 이들에 의한 감염 증상은 개인마다 다르지만, 심할 경우 50퍼센트가 넘는 치사율을 보인다. 병에 걸린 2명 중 1명이 죽는다는 뜻이다.

사막의 무법자 콕시디오이드 이미티스

콕시디오이드 이미티스(이하 '콕시디오이드')는 나의 친척인 자낭균류 곰팡이로 미국 남서부와 중남미 지역에서 산다. 이 곰팡이로 인한 감염은 1890년대 초 아르헨티나에서 처음 보고되었다. 나는 그를 미국 남서부에 있는 애리조나주의 한 사막에서 만났다. 모래바람 속을 헤치며 걸어오는 모습이 마치 서부 영화의 카우보이 같아 나는 약간 긴장하였다.

나 만나서 반갑습니다. 이형성이라고 들었기 때문에 어떤 모습으로 나타날지 몰라 만남이 엇갈리면 어떻게 하나 조금 염려 했어요.

콕시디오이드 나도 만나서 반갑습니다. 지금 온도를 알았다면 내 모습을 쉽게 예측할 수 있었을 텐데, 괜한 걱정을 끼쳤군요. 알다시피 나는 온도에 따라 모습을 바꿉니다. 주로 토양에서 사는데 이곳 토양의 온도는 섭씨 22~25도 정도 됩니다. 이정도 온도에서는 균사로 자라면서 유절분생포자를 만듭니다.

나 유절분생포자란 무엇인가요?

콕시디오이드 유절분생포자란 균사가 여러 조각으로 잘려 형성되는 포자로, 크기는 3~5마이크로미터 정도 됩니다.

나 그렇다면 다른 온도에서는 어떤 모습인가요?

콕시디오이드 37도인 인체 내에서는 유절분생포자가 점점 커지면서 10~100마이크로미터 크기의 작은 구체(소구체)로 분화됩니다. 인체 내에서 나는 이 소구체로부터 내생포자를 형성하여 감염을 확산시킵니다.^{그림 39}

나 토양에서 만든 유절분생포자가 인체로 유입되나요?

콕시디오이드 토양에서 내가 만든 포자들은 공기나 사막에서 날리는 먼지를 통해 넓은 환경으로 퍼져 나갑니다. 그러다가 내 거주지 부근에서 살거나, 일을 하거나, 여행 중이던 사람들의 호흡을 통해 폐로 들어갑니다. 아, 그리고 나를 연구하는 실험실에서도 나의 포자를 걸러 내는 특수 장비를 제대로 갖추지 않을 경우 연구자들을 감염시킬 수 있습니다. 그래서 나를 연구하는 실험실은 굉장히 엄격한 기준에 따라 설계되고 통제

되며 지속적으로 모니터링되죠.

나 당신에 의한 감염을 계곡열이라고 부릅니다. 왜 이런 이름이 붙었나요?

콕시디오이드 나로 인한 감염이 주로 발생하는 지역에서 유래한 이름입니다. '캘리포니아 열', '산 호아킨 계곡열'이라고도 합니다.

나 당신에게 감염되면 어떤 증상이 나타나나요?

콕시디오이드 인체의 폐로 유입된 나는 열, 두통, 발한, 피로, 기침과 같은 가벼운 증상에서부터 만성 폐 질환까지 일으킬 수 있으며, 심한 경우 혈류를 타고 전신 감염을 일으킵니다(감염자들 중 약 1퍼센트).

나 감염자에 따라 다른 증상을 보인다면 감염되었을 때 특히 위험한 사람들은 누구인가요?

콕시디오이드 나의 포자를 들이마신 사람들이라고 해서 모두 심각한 계곡열 증상을 보이지는 않습니다. 다만 면역력이 약한 사람들, 당뇨 및 심폐 질병을 갖고 있는 사람들, 고령자의 경우에는 건강한 사람들에 비해 심각한 증상을 보일 확률이 높습니다. 또한 계곡열은 흑인, 필리핀인, 그리고 임산부에서 감염 확률이 높다는 통계가 있습니다.

나 당신은 인체만을 감염시키나요?

콕시디오이드 나는 사람 말고도 개와 같은 동물들

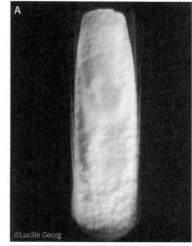

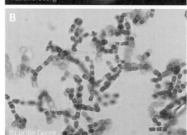

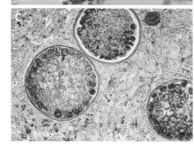

그림 39. **콕시디오이드 이미티스**

A 시험관에서 자란 콕시디오이드 이미티스. 흰색의 균사로 자란다. B 콕시디오이드의 자연환경(22~25도)에서의 포자 형태. C 인체(37도)에서 생성된 콕시디오이드의 내생포자.

도 감염시킬 수 있습니다.

나 만약 애완견이 계곡열에 걸렸다면 그 주인에게 계곡열이 전염될 수도 있다는 뜻인지요?

콕시디오이드 그렇지 않습니다. 나는 내가 감염시킨 사람이나 동물들 사이에서는 전염되지 않습니다.

나 독자들에게는 다소 안심이 되는 일이네요. 그렇다면 계곡열 감염을 예방할 수 있는 가장 효과적인 방법은 무엇인가요?

콕시디오이드 가장 좋은 방법은 내가 거주하고 있는 지역에 가지 않는 것입니다. 하지만 어떤 사람이 내가 살고 있는 동네에서 살거나 일을 해야 한다면, 많은 양의 포자를 한꺼번에 들이마시지 않도록 주의해야 합니다. 특히 먼지바람이 심하게 부는 날씨라면 바깥 활동을 자제해야겠죠.

나 만약 주의했음에도 계곡열에 걸려 심각한 증상을 보인다면 치료 방법은 있나요?

콕시디오이드 계곡열을 치료하기 위해 여러 약품들이 이용되고 있긴 하지만, 환자의 상태에 따라 치료가 어려운 경우도 많고, 백신과 같은 예방 차원의 의학적 수단은 아직 없습니다.

나 네. 알겠습니다. 정보 감사드리고, 이상으로 인터뷰를 마치겠습니다.

북미에 사는 블라스토미세스 더마티티디스

　자낭균류인 블라스토미세스 더마티티디스(이하 '블라스토미세스')를 만난 것은 미국의 북동부 오대호 부근의 한 토양에서였다. 콕시디오이드와 마찬가지로 블라스토미세스도 토양의 온도(약 25도)에서는 균사의 형태로 자라면서 포자를 형성하고 있었다. 블라스토미세스는 단정한 모습으로 앉아 내 질문 하나하나에 성실히 대답하였다.

　나 반갑습니다. 이 인터뷰 전 콕시디오이드와 인터뷰를 했습니다. 당신도 콕시디오이드처럼 인체의 체온인 37도에서는 작은 구체의 형태를 띠는지요?

　블라스토미세스 아니요. 나도 온도에 따라 외모를 바꾸지만, 작은 구체가 아닌 15~20마이크로미터 크기의 두꺼운 세포벽을 가진 효모 형태로 자랍니다. 내 인터뷰 후에 히스토플라스마 캡슐라툼과 인터뷰를 한다고 들었습니다. 하긴 주된 인체병원성 곰팡이로서 우리 셋은 거의 함께 언급되곤 하니까요. 히스토플라스마도 나와 마찬가지로 균사와 효모를 오가는 이형성입니다.

　나 당신의 주요 거주지는 어디인가요?

　블라스토미세스 나는 주로 미국의 중서부와 남동부에서 살며, 미국 이외에도 캐나다, 그리고 드물지만 아프리카나 인도

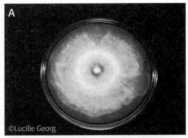

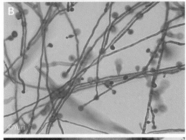

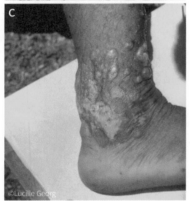

그림 40. **블라스토미세스 더마티티디스**
A 실험실에서 자란 블라스토미세스 더마티
티디스. B 블라스토미세스의 균사와 포자.
C 블라스토미세스에 의한 피부감염.

에서도 삽니다. 나로 인한 감염을 블라스토미세스증
이라고 하는데, 종종 북미분아균증이라고 불립니다.

나 사실 블라스토미세스증은 사람들에게 흔히 발
생하는 감염은 아닙니다. 하지만 왜 사람들은 지속적
으로 당신에게 관심을 가질까요?

블라스토미세스 블라스토미세스증이 아주 흔한 질
병이 아니라는 점에는 동의합니다. 하지만 1890년
대 중반 미국에서 블라스토미세스증이 처음 발견되
었고, 1990년에서 2010년 사이에 미국에서만 약
1,200명의 사람들이 이 질병으로 사망하였습니다.
이것이 내가 병원성 곰팡이로서 사람들의 관심을 지
속적으로 받고 있는 이유라고 생각합니다.

나 어떤 경로를 통해 사람들을 감염시키나요?

블라스토미세스 사람들이 내 거주지에서 야외 활동
을 할 때 공기 중에 떠다니는 내 포자를 들이마심으
로써 감염됩니다. 호흡뿐 아니라 종종 피부에 난 상
처를 통해 포자가 들어가서 피부감염을 일으키는 경
우도 있습니다.그림 40

나 그렇다면 당신의 포자를 들이마신 사람들은
모두 블라스토미세스증 증상을 보이나요?

블라스토미세스 절반 정도는 증상을 보이지 않고,
증상을 나타내는 사람들도 감기와 비슷한 증상을 나

타내는 것에 그치기도 합니다. 하지만 감염이 심할 경우 급성 호흡곤란증후군을 보이거나 혈류를 타고 신체 여러 부위로 감염이 퍼질 수 있습니다.

나 당신은 콕시디오이드와 마찬가지로 동물을 감염시킬 수 있나요? 그리고 전염이 되는지도 궁금합니다.

블라스토미세스 나는 콕시디오이드와 마찬가지로 개와 같은 동물을 감염시킬 수도 있지만, 사람과 사람 그리고 사람과 동물 사이에 전염되지 않습니다.

나 인터뷰에 응해 주셔서 고맙습니다. 병원성 곰팡이로서 당신에 대한 연구가 계속 활발히 이루어지길 빕니다.

새나 박쥐의 배설물을 좋아하는 히스토플라스마 캡슐라튬

히스토플라스마 캡슐라튬(이하 '히스토플라스마')은 자낭균류에 속하는 곰팡이로 콕시디오이드, 블라스토미세스와 마찬가지로 이형성이다. 히스토플라스마는 미국의 중부, 특히 오하이오주와 미시시피강 주변에 주로 살고 있다. 나는 오하이오주에서 그를 만났다.

나 당신은 콕시디오이드나 블라스토미세스와 마찬가지로 환경에 따라 외모를 바꾸는데, 토양에서는 균사의 형태로 인체

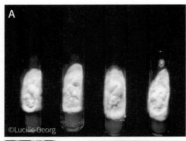

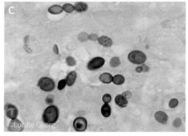

그림 41. 히스토플라스마 캡슐라튬
A 시험관에서 자란 히스토플라스마 캡슐라
튬. B 토양에서 채취한 히스토플라스마의
균사(사상형)와 포자. C 인체 조직에서 자
란 히스토플라스마(효모형).

안에서는 효모의 형태로 존재한다고 들었습니다. 당신과 그들의 또 다른 유사점은 무엇입니까?

히스토플라스마 내가 그들과 유사한 점은 꽤 많습니다. 온도에 따라 외모가 변하고, 공기 중에 떠다니는 포자를 통해 사람들을 감염시키죠. 또한 내 포자를 들이마신 모든 사람이 병에 걸리는 것은 아니며, 대개 심각한 증상 없이 감기 증상만 보입니다. 하지만 내가 혈류를 타고 전신으로 퍼지면 사람들의 생명을 앗아 갈 수 있습니다. 이런 점들이 비슷한 점이죠.

나 말씀하신 바와 같이 여러 유사한 점이 있지만, 각각 외모는 확실히 다릅니다. 특히 포자의 모양을 보면 당신을 쉽게 구별할 수 있다고 들었어요. 어떤 형태의 포자를 만드나요?

히스토플라스마 저는 대형분생포자(8~25마이크로미터)와 소형분생포자(2~6마이크로미터)를 만드는데, 대형분생포자의 표면에는 돌기가 나 있습니다.^{그림 41}

나 또 다른 차이점은 무엇인가요?

히스토플라스마 나는 토양 중에서도 새나 박쥐들의 배설물이 포함된 토양에서 사는 것을 좋아합니다. 박쥐도 나에 의해 감염될 수 있는데, 감염된 박쥐가 여러 지역으로 날아다니면서 배설을 하면 그 안에 있던 나도 자연으로 퍼져 나가죠.

나 당신은 미국에서만 거주합니까?

히스토플라스마 미국에서 주로 거주하지만, 종종 호주나 아프리카, 중국, 동남아시아, 인도에서도 삽니다.

나 당신으로 인한 감염은 어느 정도 자주 발생하나요?

히스토플라스마 1960년대에 미국에 있는 내 주거지역(오하이오주, 미시시피강 계곡) 부근에 살고 있던 젊은이들을 대상으로 대규모 검사가 실시된 적이 있습니다. 그 결과 검사자 중 약 80퍼센트가 나에게 감염된 적이 있는 것으로 나타났습니다. 지금도 미국에서만 매해 약 50만 명이 나에 의해 감염되는 것으로 추정됩니다. 이런 이유들로 다른 두 곰팡이들과 더불어 내가 주요 병원성 곰팡이로 잘 알려진 것이라고 생각합니다.

나 네. 성실한 답변 고맙습니다. 이상으로 인터뷰를 마치겠습니다.

기회병원성 곰팡이들과 나는 어디에서나 늘 마주치고 있기 때문에 따로 인터뷰를 하지 않고 내가 아는 것을 여러분에게 소개하려고 한다.

이 글을 쓰기 전 나는 한 일차병원성 곰팡이의 이야기를 곱씹어 보았다. 그의 말에 따르면, 기회병원성 곰팡이들은 어디에나 있고 선한 얼굴로 살아가고 있지만, 실은 사람들의 건강상태를 예의 주시하면서 그들이 가진 병원성 곰팡이로서의 능력을 펼칠 날을 학수고대하고 있다고 하였다. 또한 자신과 같은 일차병원성 곰팡이만이 진정한 병원성 곰팡이라고 힘주어 말하였다.

어느 한쪽을 편들 생각은 없지만, 이는 기회병원성 곰팡이들에게는 다소 심한 말로 들린다. 왜냐하면 대부분의 기회병원성 곰팡이들은 인체를 감염시키지 않고 자연환경에서 포자를 형성하며 잘 살아간다. 단지 여러 사정으로 사람들의 신체가 기회병원성 곰팡이가 살기에 적합한 환경이 되어 버린 것이다. 물론 감염된 분들에게는 안타깝다고 생각하지만.

자, 그럼 주요 기회병원성 곰팡이들에 대해서 알아보자.

기회병원성 담자균류의 대표 크립토코커스 네오포르만스

크립토코커스 네오포르만스(이하 '크립토코커스')는 담자균류이고, 토양, 썩은 목재, 새의 배설물과 같은 자연환경과 인체 환경 모두에서 효모의 형태로 자란다.

사람들은 자연환경으로부터 포자를 들이마심으로써 크립토코커스에 감염된다. 크립토코커스가 건강한 사람들을 감염시키는 경우는 매우 드물고, 대개 인체 내에서 아무런 영향을 미치지 않고 잠복하고 있다가 인체의 면역력이 떨어졌을 경우 병을 일으킨다.

그 많은 담자균류 곰팡이 중 크립토코커스는 어떻게 기회병원균이 되었을까? 병원균의 가장 기본적인 조건은 인체 속에서 잘 살아남을 수 있어야 한다는 점이다. 담자균류에 속하는 여러 곰팡이들과 달리 크립토코커스는 인체의 체온인 37도에서 잘 자란다.

또한 크립토코커스는 다당류로 구성된 캡슐로 자신의 몸을 감싸고 있어,그림 42 탈수와 같은 스트레스 환경을 잘 견디고, 숙주 내의 면역 체계를 교란시켜 인체 내 크립토코커스 감염을 효과적으로 일으킨다. 여러 세균들이 다당류 캡슐을 갖고 있는데, 곰팡이 중에는 크립토코커스를 비롯한 몇몇 종들에서만 다당류 캡슐이 발견된다.

크립토코커스는 사람의 폐를 감염시키며, 전신으로 감염이 확산될 수 있다.그림 42 뇌를 덮고 있는 보호막에 생긴 염증, 즉 크립토코커스 수막염(뇌를 덮고 있는 보호막에 발생하는 염증)은 크립토코커스로 인한 감염 중 가장 잘 알려진 심각한 질병이다.

크립토코커스 수막염은 면역력이 떨어진 여러 환자들, 특히 에이즈 환자들에게 치명적이다. 1980년대 에이즈 환자들이 급증하기 이전, 크립토코커스에 의한 감염은 전 세계적으로 200건 이하였다. 그러나 2009년 연구에 따르면 해마다 지구상에 약 백만 명

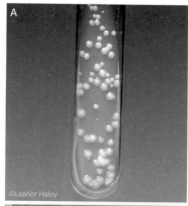
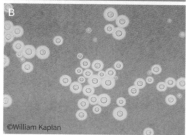
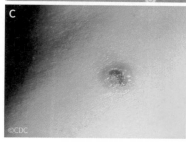

그림 42. **크립토코커스 네오포르만스**
A 시험관에서 자란 크립토코커스. B 다당류 캡슐. 중심에 있는 작은 원을 둘러싼 하얀 테두리 부분이 바로 다당류 캡슐이다. C 크립토코커스 감염으로 인한 피부 발진.

의 에이즈 환자들이 크립토코커스 수막염에 걸리고, 이 중 절반 이상이 목숨을 잃는다고 한다. 새로운 에이즈 진단 기술 및 치료약이 개발됨에 따라 선진국에서는 크립토코커스 감염에 의한 에이즈 환자의 사망률이 급격히 줄어들고 있지만, 이 치료약들을 구할 수 없는 나라들, 특히 아프리카 국가들의 에이즈 환자들 사이에서 크립토코커스 감염은 여전히 생명을 위협한다. 크립토코커스 감염은 전염성이 없으며, 애완동물들도 드물지만 크립토코커스에 감염될 수 있다.

여러분 몸에 살아요 칸디다 알비칸스

칸디다 알비칸스(이하 '칸디다')는 자낭균류에 속하는 내 친척인데, 사상형인 나보다는 효모형인 발아효모나 분열효모와 가까운 사이이다. 즉, 나보다는 발아효모나 분열효모와 생물학적 특성이 유사하다.

칸디다는 어떤 곳에서 살고 있을까? 칸디다의 거주지는 크립토코커스와 달리 분명히 밝혀지지 않았다. 대신 사람의 피부, 위장관, 그리고 여성의 경우 생식기관인 질에서 발견되는 것을 보면, 대부분 사람이나 동물의 몸에서 살고 있는 것으로 추정된다.

여러분의 몸에 칸디다가 살고 있다고 생각하면 불쾌한지? 하지만 칸디다는 개체 수가 많지는 않지만 여러분의 몸에 정상

적으로 존재하는 미생물이다. 칸디다는 일반적인 경
우 사람에게 질병을 일으키지 않다가, 사람들의 면역
체계가 약해지거나 대사 및 호르몬의 불균형이 일어
나면 그 수가 급격히 증가하면서 질병을 일으킨다.

　칸디다는 피상적 감염과 심부 또는 전신 감염 모
두를 일으킬 수 있으며, 여러 병원성 곰팡이들과 마
찬가지로 효모형이 되기도 하고 사상형이 되기도 하
는 이형성이다.그림 43 사상형은 조직을 뚫으며 자라기
에, 효모형은 혈류를 타고 전신으로 감염을 퍼뜨리기
에 효율적인 구조이다. 이형성이라는 특징을 통해 효
과적으로 인체를 감염시킬 수 있는 것이다.

　피상적 감염 중 가장 잘 알려진 칸디다 감염은 구
강 칸디다증이다. 혀와 구강 내 점막 표면에 하얗게
곰팡이가 자라는 증상이 나타나고, 건강한 성인에서
는 잘 발병하지 않으나 1개월 미만의 아기나 노인들,
혹은 면역억제제 또는 항생제 치료를 받는 환자들에
게서 주로 나타난다.그림 43 피상적인 칸디다 감염의
또 다른 예는 여성의 질에서 칸디다가 급격히 성장하
여 일어나는 질 칸디다증이다. 여성들의 약 75퍼센트
가 살면서 최소한 한 번은 질 칸디다증에 걸릴 정도
로 흔한 질병이다.

　칸디다 감염 중 가장 심각한 질병은 침습성 칸디

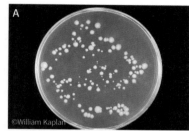

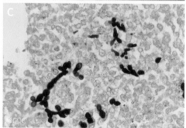
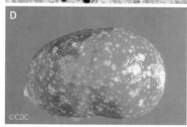

그림 43. **칸디다 알비칸스**
A 실험실에서 자란(37도) 효모형 칸디다
알비칸스. B 구강 칸디다증에 걸린 아기. C
침습성 칸디다증에 걸린 사람의 심장 조직
에서 자란 칸디다 알비칸스. 검은색이 칸디
다가 자란 부분이다. D 칸디다 알비칸스에
의해 감염된 토끼의 신장에서 나타난 병변.

다증이다. 혈류, 심장, 뇌, 눈, 뼈 등의 각종 신체 기관이 칸디다에 감염되는 질병인데, 이 중 칸디다에 의한 혈류 감염이 침습성 칸디다증의 대표적인 예이다.

작은 포자가 강하다 아스퍼질러스 퓨미가투스

아스퍼질러스 퓨미가투스(이하 '퓨미가투스')는 이름에서 알 수 있듯이 나의 형제이고, 대부분의 병원성 곰팡이들과 달리 오직 사상형으로만 자란다. 그는 토양이나 부식성 유기물질, 집 안의 먼지, 건축자재 등에서 살고 있다.

퓨미가투스의 포자는 지름이 2~3마이크로미터로 유난히 작다. 이 작은 포자가 퓨미가투스에게 주는 이점은 무엇일까? 포자가 작으면 공기 중에서 쉽게 떠다니면서 이동할 수 있다. 그리고 크기가 큰 포자나 먼지들은 기도의 점막에 의해 제거되기 쉬우나, 작은 크기의 포자는 기도에서 걸러지지 않고 폐 안쪽까지 도착할 수 있다. 따라서 작은 크기의 포자가 퓨미가투스에게는 일종의 무기인 셈이다.

여러분이 하루에 몇 개의 아스퍼질러스 포자를 들이마신다고 생각하는지? 일반 성인의 경우 하루에 200개! 이상의 퓨미가투스 포자를 들이마신다. 퓨미가투스 포자는 다른 기회병원성 곰팡이들과 마찬가지로 인체 내에서 아무런 문제를 일으키지 않고 면역세포들에 의해 쉽게 제거된다. 하지만 폐 질환을

앓거나 면역력이 떨어진 환자들의 경우에는 아스퍼
질러스에 의한 감염인 국균증(아스퍼질러스증)에 걸릴
수 있다.그림 44

　국균증의 90퍼센트 이상이 퓨미가투스에 의해
일어나는데, 때때로 아플라톡신을 생성하는 아스퍼
질러스 플레이버스, 스타틴을 합성하는 아스퍼질러
스 테리우스, 그리고 아주 드물지만 나 아스퍼질러스
니둘란스도 원인이 된다. 침습성 국균증은 퓨미가투
스가 면역력이 떨어진 환자들의 폐 조직을 뚫고 자라
는 것인데, 해마다 전 세계적으로 20만 명 이상의 사
람들이 침습성 국균증에 걸리며 평균 50퍼센트가 넘
는 높은 치사율을 보인다.

머리카락처럼 자라는 접합균류

　내가 전 장에서 소개했던 접합균류에 대해 기억
하는지? 빵에서 보송보송하게 자라는 검은색의 곰팡
이가 누구였더라? 바로 검은빵곰팡이다. 나와 담자
균류 사이만큼은 가깝지 않지만 접합균류 또한 소중
한 나의 친구로, 검은빵곰팡이는 대표적인 접합균류
이다. 접합균류에 의한 감염은 털곰팡이증 또는 접합
균증이라고 불리는데, 빵곰팡이와 털곰팡이, 쿠닝하

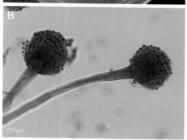
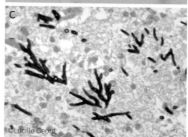

그림 44. **아스퍼질러스 퓨미가투스와 국
균증**
A 실험실에서 자란 아스퍼질러스 퓨미가투
스. B 아스퍼질러스 퓨미가투스의 분생포
자경. C 국균증에 감염된 칠면조의 뇌 조직
에서 자란 퓨미가투스. 검은 부분이 퓨미가
투스의 균사이다.

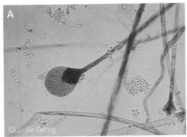
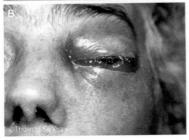

그림 45. **접합균류 감염**
A 털곰팡이의 포자낭. B 접합균류에 눈 부
위가 감염된 환자.

멜라 그리고 솜사탕곰팡이들이 주요 원인이다.

접합균류는 매우 빠르게 자라는데, 여러분은 이들을 토양, 혹은 나뭇잎이나 퇴비, 썩은 목재와 같은 부식성 유기물질에서 만날 수 있다. 공기 중에 떠다니는 이들의 포자를 사람들이 들이마시면서 감염이 시작되는데, 주로 폐, 뇌, 부비강(두개골에서 코 안쪽으로 이어지는 구멍)을 감염시키고, 상처 난 부위를 통해 포자가 침투하여 피부감염을 일으키기도 하며, 심할 경우 생명을 위협하는 전신 감염을 유발한다.^{그림 45} 종종 접합균류의 포자를 먹은 사람들의 위장관이 감염되기도 하는데 주로 어린이들, 이는 특히 1세 이하의 영아에게서 주로 발생한다.

접합균류에 대한 연구는 연구에 필요한 유전적·분자생물학적 정보와 기술들이 많지 않아 다른 병원성 곰팡이들에 비해 연구가 덜 되었다. 하지만 해마다 전 세계적으로 만 명 이상이 접합균증에 걸리고, 그 치사율이 높기 때문에(평균 50퍼센트 이상) 접합균류들은 곧 자신들에 대해 활발한 연구가 이루어질 것이라고 기대하고 있다.

콘택트렌즈를 착용한다면 붉은곰팡이 주의!

나의 친척인 붉은곰팡이에 의한 각막 감염은 어떻게 일어날까? 대부분의 경우 붉은곰팡이 각막 감염은 눈에 상처가 생긴 사람들에게 일어난다. 붉은곰팡이뿐 아니라 아스퍼질러스와 칸디다 곰팡이들도 각막염을 일으키는데, 습도가 높고 더운 지방에서 자주 발생한다. 곰팡이 각막염에 걸리면 완치되기도 하지만, 심한 경우 완전히 시력을 잃게 된다.

혹시 콘택트렌즈를 착용하는지? 그렇다면 약 10년 전에 콘택트렌즈 사용과 관련하여 떠들썩했던 곰팡이 감염에 대해 들어 본 적이 있을지도 모르겠다. 2005년에서 2006년 사이 붉은곰팡이에 의한 각막염이 큰 화제가 된 적이 있었다. 이즈음 홍콩과 싱가포르에서 붉은곰팡이 각막염에 걸린 사람들의 수가 갑작스럽게 증가했고, 이어 미국에서도 비슷한 증상의 사람들이 병원을 찾았다. 2006년 5월경 미국에서 130명의 사람들이 붉은곰팡이 각막염에 걸린 것으로 집계되었는데, 이들은 감염 전 일 년 이내에 눈에 상처가 난 적이 없는 사람들이었고, 이들 중 30퍼센트 이상이 각막 이식수술을 받아야 할 정도로 감염이 심각했다.

조사 결과 감염된 사람들 대부분이 콘택트렌즈를 착용한 사람들이었고, 바슈롬이라는 회사에서 제조한 콘택트렌즈 세척 용액이 원인인 것으로 밝혀졌다. 이에 따라 바슈롬은 전 세계에서 판매되고 있던 해당 세척 용액을 모두 거두어들였다. 콘택트렌즈를 착용한다고 해서 모두 두려워할 필요는 없겠지만, 여러분의 눈은 소중하므로 붉은곰팡이의 공격을 받지 않기 위해서는 주의하여야겠다.

밀실 안의 은밀한 공격자, 곰팡이로 인한 실내 대기 오염

지금 여러분이 살고 있는 집에는 우리가 몇이나 존재할까? 나를 포함하여 2만 종에 이르는 곰팡이들이 공기 중을 떠다니며, 이 중 약 200종의 곰팡이가 실내에서 발견된다. 특히 카펫이 깔려 있는 마루, 그리고 침대 매트리스는 우리가 좋아하는 실내 환경이다.

우리가 발산하는 휘발성 화합물은 여러분에게 두통, 메스꺼움, 어지러움, 피로 등을 유발하고, 곰팡이독소는 점막의 자극, 면역억제, 간 손상 등의 문제를 일으키기도 한다. 또한 우리는 사람들에게 알레르기성 비염, 아토피성 피부염, 천식, 호흡기 감염을 일으킬 수 있고, 류머티즘과 같은 면역 관련 질병을 가진 사람들의 증상을 악화시킬 수 있다.

실내 곰팡이 조사에 따르면 아스퍼질러스, 푸른곰팡이, 클라도스포륨 종들이 가장 자주 발견되고 알터나리아, 털곰팡이, 붉은곰팡이들도 종종 보고된다.그림 46 세계보건기구는 실내 곰팡이에 대한 기준 값을 제시하였는데, 이 값은 단위 면적당 집락 형성 단위colony forming unit, CFU로 나타내고, 이는 해당 면적에 곰팡이가 몇 개까지 존재해도 괜찮은지를 뜻한다. 세계보건기구에 따르면 실내 중 곰팡이가 500CFU/m³ 이하이면 관리 기준에 만족하는 것으로 여긴다.

대한민국에 2018년 1월 실내 곰팡이 관리 기준이 새로 생겼다. 이전에는 '다중이용시설 등의 실내 공기질관리법'에 따라, 의료 기관, 요양원, 어린이집, 도서관, 백화점, 지하철역 등에 사는 우리에 대한 조사가 있었다. 그 결과, 지난 10년간 대한민국의 다중이용시설에서의 실내 곰팡이 농도는 세계보건기구 기준을 만족시키는 것으로 나타났다. 대한민국의 경우, 2014년 한 해 약 200만 명의 천식 환자가 병원 진료를 받았고, 알레르기와 아토피성 피부염 환자들도 증가하고 있다. 따라서 우리에 의한 실내 대기오염은 점점 많은 사람들에게 영향을 미칠 것이다.

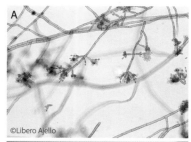

그림 46. **실내에서 자주 발견되는 곰팡이들** 클라도스포륨(A)와 알터나리아(B)의 분생포자경과 분생포자.

곰 박사의 연구 노트 **실내 곰팡이 오염을 줄이려면?**

실내에서 곰팡이 오염을 예방하기 위해 여러분이 할 수 있는 일은 무엇일까요? 실내 곰팡이 오염이 심각하다면 전문가의 도움을 받아 화학약품 처리를 통해 곰팡이를 제거해야 하겠지요. 하지만 여러분이 할 수 있는 방법이 몇 개 있습니다.

그 기본 원리는 실내를 곰팡이가 살기 싫어하는 환경으로 만드는 것이에요. 곰팡이가 생존하고 번식하려면 습도, 온도, 영양분의 조건이 맞아야 합니다. 온도의 경우 곰팡이 종류에 따라 그들이 좋아하는 온도가 다르기 때문에 전반적인 제어가 어렵습니다. 또 곰팡이를 제어하려고 너무 덥거나 너무 추운 환경에서 여러분이 지낼 수도 없고요.

곰팡이에게는 실내에 존재하는 벽지, 가구, 옷, 카펫, 음식물, 쓰레기, 심지어 먼지들도 영양분이 될 수 있기 때문에, 음식물들을 썩지 않게 관리하고 쓰레기를 쌓아 두지 않으며, 깨끗하게 청소하는 것도 중요한 방법입니다.

가장 효과적이라고 알려진 방법은 습도 조절입니다. 습하고 더운 여름뿐 아니라 건조하고 추운 겨울에도 실내외 온도 차이 때문에 천장, 벽, 바닥, 창문 등이 축축해질 수 있는데, 습한 곳은 곰팡이가 매우 좋아하는 환경입니다. 따라서 물기를 제거하고, 환기를 하거나 제습기를 틀어 실내 습도를 높지 않게(상대습도 50퍼센트 이하) 유지하면 실내 곰팡이 오염을 막을 수 있습니다.

우리와 이별해야 한다면

대부분의 경우 우리는 여러분과 사이좋게 살아가고 있지만, 우리로 인해 여러분이 심각한 경제적인 손실을 보거나(식물병원성 곰팡이), 몸이 아프거나(곰팡이독소, 인체병원성 곰팡이), 생태계가 파괴되거나(동물병원성 곰팡이) 할 때에는 우리와 헤어져야 한다. 우리 중 몇몇 병원성 곰팡이들은 굳이 이런 정보까지 사람들에게 알려 줘야 하느냐며 항의하기도 했지만, 나는 좀 더 객관적인 입장에서 우리에 관한 정보를 여러분에게 들려주고 싶다.

우리와 헤어지는 방법 중 가장 일반적인 것은 화학물질을 이용하는 것이다. 곰팡이 살균제는 영어로 fungicide라고 하는데, 곰팡이를 나타내는 'fungi'와 '죽이는 것'의 뜻을 가진 접미사 '-cide'가 합쳐진 단어이다. 인체병원성 곰팡이 감염을 치료하는 약품은 항진균제antifungal drug라고 한다.

질병이 발생되기 전에 써야 하는 곰팡이 살균제

곰팡이 살균제는 대부분 식물병원성 곰팡이 제어를 목적으로 하며, 식물의 씨앗, 성장 중이거나 수확 후의 식물뿐 아니라 식물이 자라는 토양에도 처리된다. 이를 통해 우리로 인한 초기 감염을 예방하고, 이미 감염된 식물에서의 질병 확산을 막으며, 수확 후 보관과 이동할 때 발생할 수 있는 과실의 감염과 오염을 방지한다.

살균제는 곰팡이에 의한 식물 감염을 막기 위해 가장 널리 쓰이는 방법이다. 곰팡이 살균제는 증상이 나타난 후 투여되는 항진균제와는 달리 질병이 발생하기 전에 처리되어야 좋은 효과를 볼 수 있다. 이미 질병에 걸린 식물에 살균제를 살포할 경우, 어느 정도 효과는 볼 수 있지만 살균제에 내성을 가진 곰팡이가 탄생할 수 있다.

내성이 무엇이냐고? 어떤 살균제에 의해 쉽게 제거되었던 곰팡이들이 오랜 기간 동안 같은 살균제로 처리되면, 어느 순간 그 곰팡이가 더 이상 같은 종류의, 동일한 양의 살균제를 써도 제거되지 않는 것이다. 우리는 생존하기 위해 스스로를 변이시킴으로써 더 이상 같은 살균제에 대해 민감하지 않도록 내성을 개발할 수 있다. 따라서 살균제를 무턱대고 많이 쓰다가는 더 파괴적인 식물병원성 곰팡이를 만들어 낼 수 있다.

곰 박사의 연구 노트 ## 역사 속의 곰팡이 살균제

산업화된 공정을 통해 다양한 곰팡이 살균제들이 생산되기 이전, 사람들이 곰팡이를 제어하기 위해 사용했던 화학물질 중 가장 유명한 것은 보르도 혼합물Bordeaux mixture입니다. 그 이름은 어디서 유래했을까요? 보르도 혼합물의 '보르도'는 프랑스에 있는, 포도를 많이 재배하던 지방의 이름입니다. 보르도 혼합물은 19세기 후반 이 지역 대학의 교수님에 의해 발명되었기 때문에 그와 같은 이름을 갖게 되었습니다.

보르도 혼합물은 황산구리와 소석회를 혼합한 물질인데, 이 물질을 처음 합성하게 된 계기가 재미있습니다. 당시에 농부들이 서리꾼으로부터 피해를 막기 위해 길가 포도나무에 황산구리와 소석회를 발라 놓았습니다. 이렇게 해 놓으면 덧입힌 색이 뚜렷하게 보이고 포도에서 쓴맛도 나기 때문에 서리를 예방할 수 있었죠.

이 교수님은 황산구리와 소석회를 발라 놓은 포도나무는 건강한데 그렇지 않은 나무들의 잎은 곰팡이에 감염되었다는 것을 우연히 발견하고, 이 두 화학물질의 혼합물이 식물의 질병을 막았다고 생각하였습니다. 여기서 과학적인 가설이 설립된 셈이지요. 가설이 설립되었으니 그다음은 실험을 통해 가설을 검증해야겠지요? 그 후 교수님은 황산구리와 소석회 혼합물을 다양한 비율로 섞어 포도나무에 뿌린 후 포도의 곰팡이 감염 여부를 관찰하였습니다. 이를 통해 실제로 보르도 혼합물이 곰팡이 감염으로부터 포도를 보호한다는 것을 증명했습니다. 이러한 과정을 통해 현재까지도 포도를 비롯한 여러 과실의 곰팡이 감염을 막기 위해 사용되는 보르도 혼합물이 탄생하였습니다.

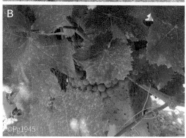

A 소석회와 황산구리를 섞어 만든 보르도 혼합물. B 포도 잎에 살포한 보르도 혼합물.

곰팡이만 골라 제거하는 항진균제

식물병원성 곰팡이는 곰팡이 살균제로 제어하지만, 인체병원성 곰팡이에게 감염된 사람들에게 곰팡이 살균제를 바르거나 마시라고 한다면 어떤 일이 일어날까? 곰팡이를 제거할 수는 있겠지만, 사람도 함께 목숨을 잃는 끔찍한 일이 일어날 수 있다. 따라서 절대 금지! 이런 이유로 사람에게는 치명적으로 해롭지 않고, 곰팡이만 골라 제거할 수 있는 약품이 개발되었는데, 바로 항진균제이다.

2009년 조사에 따르면 전 세계 항진균제 시장은 98억 미국달러(대한민국 돈으로 11조 원이 넘는 액수)에 달한다. 인체에 쓰이는 다른 모든 약품들과 마찬가지로 항진균제 또한 감염원에만 작용하고, 투여가 쉬우며, 인체에 부작용이 없어야 한다.

그렇다면 어떻게 인체 내에서 곰팡이만을 선택적으로 제어할 수 있을까? 먼저 사람들에게는 없고 우리에게만 있는 특성을 찾아야 한다. 그중 대표적인 것인 에르고스테롤이다. 에르고스테롤은 우리의 세포막을 구성하는 주요 지질 성분인데, 여러분의 콜레스테롤과 비슷하다. 에르고스테롤은 우리의 생존에 필수적이지만, 인체는 에르고스테롤을 합성하지 않는다. 따라서 에르고스테롤의 합성이나 기능을 차단하는 약이 개발되어 곰팡이 감염 환자들에게 처방되고 있다. 또한 인체와 곰팡이 세포벽의 구성 성분이 다르다는 점에 착안하여 곰팡이 세포

벽의 주요 구성 성분 중 하나인 베타글루칸의 합성을 방해하는
항진균제가 개발되었다.

우리는 치료한다

앞에서 소개한 위험한 곰팡이들 때문에 겁을 먹지는 않았는지? 그랬다면 지금부터 들려줄 이야기를 통해 우리의 또 다른 모습을 보여 주겠다. 바로 여러분을 치료해 주는 약물을 합성하는 곰팡이들에 관한 내용이다. 가장 잘 알려진 항생제인 페니실린을 만드는 곰팡이에서부터, 콜레스테롤 수치를 낮추는 약품인 스타틴을 합성하는 곰팡이, 그리고 장기이식과 같은 어려운 수술에 꼭 필요한 면역억제제를 만드는 곰팡이까지 다양한 곰팡이들이 사람들의 질병 치료를 돕고 있다.

질병 치료의 역사를 바꾼 항생제 페니실린

항생제란 세균을 죽이거나 성장을 늦춰 세균 감염을 치료하거나 예방하는 약품이다. 가장 잘 알려진 항생제들 중 하나는 페니실린인데, 페니실린은 나와 가까운 친척인 푸른곰팡이 페니실리움 크리소게넘이 만드는 물질이다. 페니실린은 여러 세균들에 효과가 있는 항생제로, 1920년대 말 알렉산더 플레밍에 의해 발견된 이후 제2차 세계대전 중 부상을 입은 군인들에게 투여됨으로써 세균 감염으로 인한 사망을 막는 데 큰 기여를 하였다.

페니실린 이외에도 널리 쓰이는 항생제인 세팔로스포린 또한 우리가 만든다. 세팔로스포린은 자낭균류에 속하는 사상형 곰팡이인 아크리모니움 크리소게넘에서 생성되는데, 이 곰팡이는 과거 세팔로스포리움 아크리모니움이라고 불렸기 때문에 항생제의 이름도 그 곰팡이의 이름에서 따왔다. 이 곰팡이는 1945년 이탈리아의 하수 배출구 부근의 바닷물에서 발견되었고, 그로부터 분리된 세팔로스포린은 화학 구조적으로 페니실린과 유사하나 페니실린보다 더 광범위한 감염에 효과가 좋아 항생제로서 널리 쓰이고 있다.

콜레스테롤을 낮추는 고지혈증 치료제

혹시 주변에 고지혈증을 앓고 계신 어른들이 있는지? 고지혈증이란 혈액 중 콜레스테롤을 비롯한 지질 성분이 지나치게 높은 증상이다. 사람들의 식생활이 서구화되고 활동량이 줄어듦에 따라 고지혈증 환자가 많이 생겼고 이런 사람들이 심혈관

곰 박사의 연구 노트 **우연을 기적으로 만든 페니실린의 발견**

1920년대 말에 페니실리움 곰팡이에서 페니실린이 만들어진다는 사실을 밝혀낸 과학자는 영국의 알렉산더 플레밍입니다. 그가 어떻게 페니실린을 발견했는가는 어린이 과학책에 단골로 등장할 정도로 유명한 이야기이죠. 사람들이 이 이야기를 좋아하는 이유는 우연한 발견이 인류의 역사를 바꿨다는 극적인 요소가 있기 때문일 것입니다.

어느 날 그의 실험실에서 누군가가 세균을 배양하던 페트리디시의 뚜껑을 실수로 열어 두었습니다. 이때 공기 중에 떠다니던 페니실리움 크리소게넘이 세균이 자라고 있던 배지에 앉아 자랐습니다. 얼마 후 알렉산더 플레밍은 이 페트리디시에서 푸른곰팡이가 자라는 주변에는 세균이 없는 것을 발견하였습니다. 그는 푸른곰팡이가 만들어 내는 물질이 세균들의 성장을 억제한 것이라고 생각하고, 그 곰팡이를 분리하여 기른 후 세균에 다시 접종하였습니다. 그 결과 실제로 푸른곰팡이가 만든 어떤 물질이 세균을 죽인다는 것을 확신하게 되었습니다. 그는 다른 과학자들과 함께 푸른곰팡이를 대량으로 배양하여 그로부터 페니실린이라는 물질을 추출했고, 이로써 오늘날 널리 쓰이는 페니실린을 개발하게 된 것입니다.

지금도 많은 연구자들은 다양한 환경에서 채집한 곰팡이들이 특정 병원균이나 약물에 어떤 반응을 보이는지 실험하고 있습니다. 이를 통해 사람들에게 도움이 되는 새로운 물질들을 곰팡이로부터 분리해 내려는 것입니다. 이러한 노력이 페니실린과 같이 많은 환자들을 구할 수 있는 새로운 치료제의 발견으로 이어질 수 있기를 기대합니다.

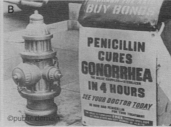
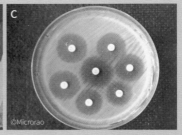

페니실린의 발견 A 페니실린을 발견한 알렉산더 플레밍. B 1940년대 페니실린 광고. C 항생제 테스트 방법. 항생제로 처리된 작은 디스크(원형의 하얀 종잇조각)를 세균이 자라고 있는(옅은 노란색 바탕) 페트리디시에 놓으면 디스크 주위에 있던 세균들이 죽어서 투명한 색으로 나타난다.

계 질환에 걸릴 가능성이 높아 건강에 큰 위협이 되고 있다.

스타틴은 대표적인 고지혈증 치료제인데, 이 중 로바스타틴과 메바스타틴은 각각 내 가족인 아스퍼질러스 테리우스와 나의 친척인 페니실리움 시트리넘으로부터 합성된다.그림 47 아스퍼질러스와 페니실리움 이외에도 모나스커스 퍼푸리우스(이후 '모나스커스') 또한 스타틴을 만든다.

혹시 붉은색의 쌀이나 오리고기 또는 돼지고기를 본 적이 있는지? 붉은 쌀은 홍국미라고 부르는데, 모나스커스를 이용하여 쌀을 발효시킨 것이다. 또한 붉은색을 띠는 고기들은 모나스커스를 이용하여 만든 술인 홍국주로 요리한 것이다. 모나스커스는 자낭균류에 속하는 사상형 곰팡이고, 이 붉은색은 모나스커스가 만드는 천연 색소이다.그림 47

중국에서 모나스커스를 이용하여 음식을 만든 기록은 1세기로 거슬러 올라간다. 약 500년 전 즈음에 중국의 의약품으로 모나스커스가 조선에 들어온 것으로 추정된다. 모나스커스가 자랑하길 역사적으로 중요한 의학책인 『의방유취』(1400년대 중반)나 『동의보감』(1600년대 초반)에도 자신에 대한 기록이 있다고 한다.

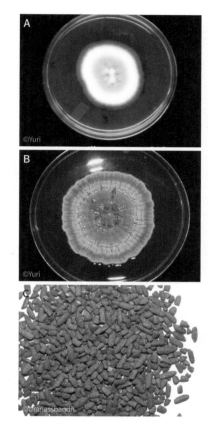

그림 47. **스타틴을 합성하는 곰팡이들**
A 아스퍼질러스 테리우스. B 페니실리움 시트리넘. C 모나스커스 퍼푸리우스에 의해 붉게 물든 쌀, 홍국미.

과학자들은 홍국미가 콜레스테롤을 낮추는 효과가 있는데 이는 모나스커스가 만드는 모나콜린 K라는 물질 덕분이라는 것을 밝혔다. 모나콜린 K는 바로 아스퍼질러스 테리우스나 페니실리움 시트리넘이 만드는 물질과 같은 스타틴이다.

장기이식 환자를 위한 면역억제제

사람의 면역력은 생존과 건강에 꼭 필요하다. 그래서 '면역억제제가 왜 필요하지?' 하는 부정적인 생각이 들지도 모르겠다. 하지만 면역억제제는 많은 사람들에게 꼭 필요한 약품이다.

예를 들어, 장기이식 수술이 성공하려면 장기를 받은 사람의 신체에서 일어나는 면역 거부반응을 막아야 하는데, 이를 위해 면역억제제가 처방된다. 장기이식 환자들뿐 아니라 아토피성 피부염, 류머티스성 관절염, 건선 등과 같은 자가면역질환에도 질병 정도에 따라 환자의 면역을 억제시키는 치료 방법이 이용된다.

주요 면역억제제인 사이클로스포린과 마이조리빈은 모두 우리로부터 생성된다. 사이클로스포린은 톨리포클라디움 인플라툼이라는 곰팡이로부터 합성되는데, 1970년대 초반에 스위스의 제약 회사인 산도즈에서 세계 각국의 토양에서 살고 있던 곰팡이들을 채집하여 면역억제 기능이 있는지를 검사하던 중 발견되었다.

사이클로스포린은 인체 면역에 핵심적인 역할을 하는 특정 세포에 작용하여 기존의 면역억제제들에 비해 인체 부작용이 작다는 장점이 있다. 사이클로스포린이 처방된 후 장기이식 환자들의 사망률이 떨어지고, 수술 성공률도 높아졌다. 마이조리빈은 1970년대 초반 일본에서 만든 면역억제제로, 브레디닌이라는 약품명으로 잘 알려져 있는데 토양에 사는 자낭균류인 유페니실리움 브레펠디아늄으로부터 합성된다.

대한민국의 장기이식 환자는 2014년 한 해 약 4,000명이었고 해마다 증가하고 있다. 따라서 이러한 환자들을 위한 우리의 역할 또한 더욱 중요해지고 있다.

우리는 더불어 산다

식물과 공생하는 균근 곰팡이

우리 중에는 조화롭고 현명한 성격을 가진 곰팡이들이 있는데, 이들은 자연환경에서 다른 생물들과 함께 서로에게 이로움을 주며 살고 있다. 이러한 관계를 상리공생이라고 부른다.

균근菌根, mycorrhizae은 곰팡이菌, myco와 뿌리根, root가 합쳐져 만들어진 단어로, 식물의 뿌리와 곰팡이가 함께 살면서 이룬 구조를 뜻한다. 식물의 90퍼센트 이상이 균근을 형성하는데, 균근을 형성하는 곰팡이를 균근균 또는 균근 곰팡이라고 부른다.

그렇다면 균근을 통해 우리와 식물은 어떤 도움을 주고받으며 살고 있을까? 우리가 균사의 넓은 표면적을 통해 흡수한 수분과 미네랄은 식물이 성장하고 가뭄이나 병충해와 같은 스트레스 환경에서 살아남는 데에 중요한 원료로 이용된다. 한편 우리는 식물이 광합성을 통해 만든 탄수화물을 얻어 성장한다.

　가장 흔한 균근은 수지상균근으로 수목, 작물, 야생의 풀을 비롯한 다양한 식물들의 80퍼센트 이상이 수지상균근을 형성한다. 수지상균근은 곰팡이가 뿌리 세포에 침투하여 형성하는 가지 모양의 구조인 수지상체를 갖고 있다.

　수지상균근 외에도 외균근의 구조를 가진 공생 관계도 있는데, 외균근은 곰팡이가 뿌리 표면이나 뿌리 세포 사이를 둘러싸며 자라면서 형성하는 구조이다. 외균근은 대개 숲에 사는 나무들이 자낭균류나 담자균류에 속하는 우리와 공생하면서 형성되는데, 이들 중 다수가 꾀꼬리버섯, 송이와 같은 버섯을 만든다.그림 48 특히 자낭균류에 속하는 송로버섯과 버섯 주변의 나무뿌리와의 관계는 대표적인 외균근의 예이다.

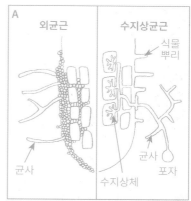

그림 48. **균근의 종류와 균근 곰팡이의 예**
A 외균근과 수지상균근의 구조 비교. B 꾀꼬리버섯.

조류와 공생하는 지의류 곰팡이

　지의류는 우리와 녹조류 또는 남세균이 공생하는 형태의 생물이다. 사람들이 지의류와 이끼를 자주 혼동하는데, 지의류는 우리와 함께 균계에 속하고 이끼

그림 49. **지의류**

는 식물계에 속한다. 지의류의 몸통은 대부분 우리의 균사로 덮여 있고 일부분은 조류 또는 남세균으로 구성되어 있다.그림 49

우리는 조류가 광합성을 통해 합성한 탄수화물을 영양분으로 얻고, 조류는 우리의 도움을 받아 극심한 건조 상태나 자외선 노출 등으로부터 자신들을 보호한다. 여러분이 '버섯'이라고 부르는 석이도 실은 바위에 붙어 사는 지의류의 일종이다.

곤충과 공생하는 곰팡이

우리 중에는 곤충과 공생 관계를 맺는 이들도 있다. 대표적인 예가 바로 가위개미(절엽개미라고도 불린다)와 공생 관계에 있는 루코아가리쿠스 곤질로포러스(이하 '루코아가리쿠스')라는 담자균류의 내 친구이다.

가위개미들은 주로 중남미 대륙에서 사는데, 숲에서 잘라 온 나뭇잎들을 둥지로 옮긴 후 자신들이 먹지 않고 둥지 안에서 자라는 루코아가리쿠스의 먹이로 제공한다.그림 50 가위개미들이 둥지 안에서 루코아가리쿠스를 양육하는 공간을 '곰팡이 정원'이라고 부른다. 가위개미들은 지속적으로 루코아가리쿠스에게 음식이 되는 나뭇잎들을 나르고, 다른 미생물들의 공격으로부터 곰팡이를 보호한다. 루코아가리쿠스는 받기만 할까? 아니다. 루코아가리쿠스는 여러 효소들을 분비하여 나뭇잎을 분해하는데, 그 과정을 통해 생성되는 물질들(당류와 단백질)을 균사 끝부분에 저장해 두면 이를 개미와 개미의 애벌레들이 먹으며 살아가게 된다.

왜 개미들은 직접 나뭇잎을 먹지 않고, 루코아가리쿠스를 통해 얻은 음식물을 먹는 걸까? 나뭇잎은 잘 분해되지 않는 성분들로 구성되어 있기 때문에 개미가 나뭇잎을 소화하지 못한다. 따라서 효소를 분비하여 나뭇잎을 분해할 수 있는 곰팡이의 도움을 받아 영양분을 섭취하는 것이다.

흰개미는 담자균류인 흰개미버섯과 공생 관계를 맺는다. 흰개미들 중 가장 큰 몸집을 가진 마크로터미스는 나뭇잎이나 목재와 같은 식물성 물질과 흰개미버섯의 포자를 먹은 뒤 배설한다. 흰개미들은 이 물질들을 잘 소화할 수 없기 때문에 불완전하게 분해된 물질들이 배설물로 남고, 흰개미버섯의 포자 또한 배설물에 존재한다. 흰개미는 이 배설물을 자신의 둥지 안에 지은 '구멍이 많은 스펀지와 비슷하게 생긴' 구조물fungus comb에 저장한다. 이곳에서 흰개미버섯의 포자가 발아하고 효소를 분비하여 나뭇잎

그림 50. **곰팡이와 공생하는 곤충들**
A 잎을 운반하는 가위개미. B 가위개미의 곰팡이 정원에 있는 여왕개미와 일개미. C 흰개미. D 흰개미의 둥지 주변에 자란 흰개미버섯.

과 목재들을 단순한 구조의 물질들로 분해하면, 흰개미들이 이 물질을 먹는다. 흰개미버섯과 공생 관계를 이루는 흰개미 종들은 주로 아프리카 대륙의 남동부에서 살고 있는데, 나미비아와 같은 국가에서는 흰개미버섯이 인기 있는 식재료로 이용되고 있다.^{그림 50}

4. 균류학자의 친구–실험실의 곰팡이들

　　이 장은 특별히 곰팡이 박사님의 부탁으로 포함시켰다. 나는 그다지 친절한 편은 아니지만 오랜 시간 동안 우리를 연구해 온 곰팡이 박사님에 대한 의리로, 과학자들이 실험실에서 연구하는 대표적인 곰팡이들에 대해 간략하게 소개하려고 한다.

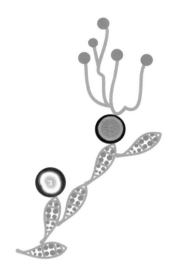

모델 곰팡이들

　곰팡이 연구 주제는 매우 다양하다. 야생에 사는 곰팡이를 발견하고 분류하거나, 동식물 또는 인체병원성 곰팡이를 연구하거나, 산업과 농업에 쓰이는 곰팡이를 연구하는 학자들도 있다. 하지만 실험실에서 연구할 수 있는 곰팡이는 극히 일부다. 실험실 환경에서는 잘 자라지도 않고, 자란다고 해도 다음 세대를 위한 포자를 만들지 않는 예민한 곰팡이들이 많기 때문이다.

　실험실에서 인기가 좋은 곰팡이들은 대개 모델 곰팡이다. 모델 곰팡이는 곰팡이를 대표하는 모델 생물이다.그림 51 앞에서 잠시 언급했듯이, 모델 생물이란 어떤 생물의 특성, 질병, 현상 등을 연구하기 위해 간접적으로 이용되는 생물을 뜻한다. 예를 들어 인체의 질병을 연구할 때 사람을 대상으로 실험할 수 없으므로 같은 포유류인 쥐를 이용해서 실험한다. 이런 경우 쥐

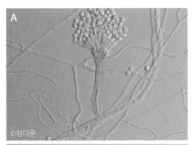

그림 51. 모델 곰팡이들
아스퍼질러스 니둘란스(A)와 뉴로스포라
크라사(B)의 현미경 이미지. C 재먹물버섯.
D 치마버섯.

가 바로 모델 생물이다.

모델 생물로 채택되기 위해서는 다음 중 대다수의 기준을 만족시켜야 한다. 먼저 대상 생물과 생물학적으로 유사해야 하고, 비교적 작은 크기에, 빠르게 성장해야 하며, 짧은 세대 시간을 갖고(다음 세대의 자손을 빨리 번식시킬 수 있어야 하고), 실험실 환경에서 기르고 관리하기에 쉬워야 하며, 나아가 생물학적 실험에 중요한 정보나 방법(게놈 정보, 유전자 조작 기술 등)을 이용할 수 있어야 한다.

이렇게 선발된 모델 생물을 제어된 환경에서 다량으로 기르고 반복적으로 실험함으로써 대상 생물에 대한 생물학적 지식을 검증한다. 대표적인 모델 생물에는 대장균, 선형동물인 꼬마선충, 초파리, 식물인 애기장대, 그리고 쥐 등이 있다. 그리고 앞에서 언급한 바와 같이 나 아스퍼질러스 니둘란스 또한 아스퍼질러스, 나아가 사상형 곰팡이의 모델 생물이다.^{그림 51}

모델 곰팡이 중에는 인체의 생화학적 현상을 이해하기 위해 이용되는 종도 있고, 실험실에서의 연구가 어려운 다른 유사한 곰팡이를 연구하는 데에 이용되는 종도 있으며, 병원성 모델 곰팡이의 경우에는 병원균과 숙주의 상호작용을 연구하기 위해 이용

된다. 그렇다면 어떤 곰팡이들이 모델 곰팡이로 활약하고 있을
까? 자세히 알아보자.

다재다능한 발아효모

단일 세포로 이루어진 효모 이모는 전체 게놈 정보가 밝혀
진 첫 번째 진핵생물이라는 타이틀을 갖고 있다. 효모는 유전
자의 발현, 단백질의 생성, 세포골격 등의 연구 분야에서 널리
이용되는 모델로, 효모 덕분에 생물의 많은 비밀이 밝혀졌다.
또한 효모가 갖고 있는 유전자의 약 30퍼센트 정도가 인체에
서 발견되는 유전자와 유사하기 때문에 효모는 인체 질병의 모
델로서도 이용된다. 예를 들어, 효모는 곰팡이이기 때문에 사
람과 같은 신경계가 없지만 그와 유사한 신경계 관련 분자 신
호 경로 또는 단백질을 갖고 있다. 따라서 알츠하이머 질병 연
구를 위한 모델 생물로서도 효모가 이용된다.

효모계의 또 다른 스타, 분열효모

분열효모는 진핵생물 중에서는 여섯 번째로, 우리 중에서
는 두 번째로 전체 게놈 정보가 밝혀진 내 친척이다. 분열효모
의 학명은 스키조사카로마이시스 폼베인데, 폼베는 스와힐리
어로 '맥주'를 뜻한다. 과거에는 발아효모뿐 아니라 분열효모

를 이용하여 맥주를 만들었기 때문이다. 분열효모는 몸이 길게 늘어난 후 분열되어 다음 세대를 만드는 세포주기를 갖고 있는데, 늘어난 길이에 따라 발달 단계를 예측할 수 있기 때문에 세포주기 연구 분야의 모델로 유용하다.

붉지 않은, 붉은빵곰팡이

자낭균류에 속하는 사상형 곰팡이 뉴로스포라 크라사는 붉은빵곰팡이라는 별명을 갖고 있다.그림 51 하지만 그는 자신의 별명을 탐탁지 않게 여긴다. 1800년대에 프랑스의 빵집들에서 뉴로스포라 크라사 오염이 문제였다는 최초의 기록 때문에 그러한 별명을 갖게 되었지만, 실제로 그는 빵을 자주 먹지도 않고(여러분이 빵에서 우리를 본 경험을 떠올려도 대개 푸른색 또는 검은색의 곰팡이였지, 붉은색 곰팡이는 드물었을 것이다) 포자의 색 또한 붉은색보다는 밝은 주황색에 가깝기 때문이다. 붉은빵곰팡이는 실험실 환경에서 잘 자라고, 돌연변이를 만들기 쉬우며, 잘 발달된 유성생식을 통해 다양한 진핵생물의 유전학적 정보를 얻을 수 있는 모델 곰팡이다.

담자균류 모델 곰팡이들

자낭균류뿐 아니라 담자균류에도 모델 생물들이 존재하는

데, 재먹물버섯과 치마버섯이 바로 그들이다.^{그림 51} 재먹물버섯
은 이름에서 알 수 있듯이 먹물버섯류에 속한다. 버섯을 만드
는 곰팡이들은 실험실에서 배양하기 어렵고 배양에 성공한다
고 해도 너무 천천히 자라거나 실험 방법이 제한된 경우가 많
은데, 재먹물버섯은 인공 배지도 잘 먹고 빠르게 자라며, 유전
학적으로도 실험이 가능하다. 재먹물버섯은 주로 담자균류의
자실체 형성과 유성생식의 연구 모델로 이용된다.

치마버섯은 주름치마를 입은 것과 같은 모습의 버섯으로,
백색부후균에 속한다.^{그림 51} 치마버섯은 재먹물버섯과 마찬가
지로 버섯의 형성과 유성생식 연구 모델일 뿐 아니라, 부후균
이라는 특성 때문에 물질을 분해하는 효소와 관련한 연구에도
참여하고 있다.

병원성 모델 곰팡이들

식물병원성 곰팡이인 옥수수 깜부기는 다른 깜부기균과 녹
병균에 비해 실험실에서 연구하기가 상대적으로 쉽기 때문에
식물과 곰팡이의 상호작용 연구 및 곰팡이 살균제 개발을 위한
모델로 이용된다. 또한 최근 연구에 따르면 체내 물질이동, 세
포분열, 세포골격 구성에 있어 발아효모보다 더 인체와 유사
한 단백질을 가지고 있어서 인체를 이해하기 위한 연구에도 참
여하고 있다. 담자균류에 속하고, 효모형이며, 동물병원성 곰

팡이인 크립토코커스 네오포르만스는 체내 곰팡이를 제거하고 증식을 억제하는 약품인 항진균제 개발을 위한 연구 모델 중 하나다.

실험실로 이사 온 곰팡이들의 편지

　　모델 곰팡이들이 과학자들과 가장 일하기 쉬운 성격의 곰팡이인 것은 맞지만, 이들 이외에도 다양한 곰팡이들이 환경으로부터 실험실로 거처를 옮겨 연구되기도 한다. 나는 이런 친구들 몇몇에게 실험실에서의 생활이 어떠한지 안부를 묻는 엽서를 보냈고, 세 곰팡이에게 다음과 같은 답장을 받았다.

범인은 바로 나

　　나는 원래 어떤 농장에서 토마토 줄기를 먹으며 잘 살고 있었어. 그런데 내가 너무 왕성히 먹어 치우는 바람에 농장 주인의 손실이 컸지. 주인은 어느 연구소에 나에 대해 얘기했고, 그곳에서 일하는 과학자가 와서 내가 살고 있는 토마토 줄기의 일부를 잘라 왔어.

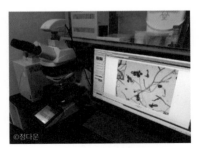

그림 52. **현미경을 이용한 곰팡이 관찰**
과학자들은 현미경을 통해 우리를 관찰하고, 그 이미지를 컴퓨터에 저장하기도 한다.

그는 잘라 온 토마토 줄기의 표면을 세척하고, 멸균된 인공밥(사람들은 이걸 '배지'라고 불러)에다가 올려 놓은 후에 배양기에 넣었어. 내가 배양기에서 지내다 보니 토마토 줄기는 죽어서 영양분이 더 이상 없고, 포도당을 비롯한 각종 영양분이 가득한 배지를 먹어 봐야겠다는 생각이 들더라. 그래서 배지 위에서 균사로 뻗어 나가고 포자도 만들면서 살기 시작했어.

과학자는 배지에서 자란 나의 일부를 떼어 내서 외모를 현미경으로 관찰하기도 하고, 균사체로부터 DNA를 뽑아서 내가 누구라는 것을 알아냈어. 그런 후에는 나를 다시 건강한 토마토 줄기에 데려다주는 거야. 이유는 몰랐지만, 나는 고향에 돌아온 것처럼

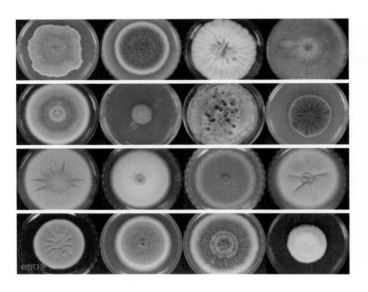

그림 53. **실험실에서 자란 내 가족과 친구들.**

토마토 줄기를 먹기 시작했지.

　나중에 사람들이 대화하는 것을 들어 보니, 이러한 방식으로 토마토 줄기를 감염시켜 토마토 수확량을 줄게 한 범인이 나라는 것을 알아냈다고 하더라고. 외모와 유전자 검사를 거쳐 그 곰팡이가 나라는 것을 알아냈고, 다시 토마토에 접종해서 내가 범인이라는 것을 확증한 것이지.

　식물을 먹어 치우는 여러 곰팡이들이 나와 같은 방식으로 실험실로 이사 와서 살고 있고, 우리를 연구함으로써 농작물의 피해를 예방하고 최소화하려고 한대. 이런 이유로 나는 다시 실험실로 돌아와서 과학자들의 관심을 한 몸에 받고 있어.

미안하지만 난 여기가 싫어요

　환경에서 실험실로 이사 온 곰팡이가 행복하게 지낼 확률이 얼마나 될까? 나는 그렇게 높지는 않을 것이라고 생각해. 오늘 아침에 나를 연구해 오던 학생 하나가 내가 자란 배지를 보더니 너무 실망스러운 표정을 지었어. 열흘 동안 배지에서 성장한 내가 너무 작았고, 포자도 전혀 만들지 않았기 때문이지.

　원래 나는 바다에서 살았어. 바다곰팡이를 연구하는 과학자가 나를 실험실로 데리고 왔지. 하지만 나는 이 인공밥도 그렇고 배양기 환경도 정말 마음에 들지 않아. 내가 바다에서 온 것을 고려해서 충분히 많은 양의 소금을 배지에 넣어 주었지만 섬세한 내 기준에는 못 미치지. 그래서 잘 먹지 않으니 잘 자라지도 않아. 잘 자라지도 않는데 포자까지 만들 여력이 있겠어?

성장이 느리고 포자를 잘 만들지 않으면, 과학자들이 연구하는 데에 상당히 애를 먹게 된대. 이럴 경우 외모를 관찰하거나 DNA를 뽑기도 쉽지 않고, 빨리 자라지 않으니 실험 결과도 빨리 볼 수 없기 때문이래.

예전에도 나처럼 과학자들을 실망시켰던 곰팡이들이 있었던 모양이야. 과학자들이 배지의 구성, 배양 온도, 산소나 이산화탄소 농도까지 다양하게 바꾸어서 우리를 행복하게 해 주려고 했지만, 결국은 포기한 경우가 있는가 봐. 여기에 적응 못하는 나는 모델 곰팡이들이 존경스러워. 연구자들의 열정과 노력을 보면 조금 미안해지지만, 나는 실험실에서 행복하지가 않거든.

숨어 있던 나의 능력이 발휘된 순간

나는 원래 굉장히 추운 지역의 토양에서 살고 있었어. 일 년의 대부분 동안 땅이 얼어 있어서 사람들의 발길도 뜸하고, 오로지 소수의 동식물만 주변에 있었지. 그런데 어느 날 사람들이 와서는 그 토양의 일부를 채집해 와서, 나도 함께 딸려 오게 되었어.

그들은 토양에 물을 섞어 희석한 후에 일부를 배지에다가

펼쳐 놓고, 배지를 배양기 안에 넣었어. 배지에는 내가 흙으로 부터 얻었던 음식도 포함되어 있어서 나는 토양을 벗어나 배지의 영양분을 먹으며 자랐고.

내가 어느 정도 자라자, 한 과학자는 나를 또 다른 배지로 옮겼어. 그 배지에는 세균들이 많이 자라고 있었는데, 늘 환경에서 만나는 세균이긴 하지만 난 세균을 싫어하거든. 그래서 가까이 오지 말라는 경고의 의미로 분비물을 뿜어냈지. 그래서 내가 앉아 있는 부분 주변에는 세균들이 자라지 못했어. 이를 보고 과학자는 꽤 기뻐하더라고.

과학자들은 나에게 여러 가지 다른 종류의 음식을 주고, 온도가 다른 배양기에서 살게 했다가, 다양한 세균 녀석들도 만나게 해 주었어. 그렇게 환경이 바뀌니까 내가 분비하는 물질의 양이나 구성 성분도 달라졌고, 과학자들은 그때마다 그 변화를 자세히 기록해 두었어. 심지어 내가 다량으로 만든 그 물질들을 세균에 감염된 쥐에게 투여까지 하더라니까.

최근 내가 살고 있는 실험실의 과학자들은 '토양에서 분리한 곰팡이로부터 효과가 뛰어나고 부작용이 적은 항생제 발견'이라는 제목의 문헌을 발표했어. 실험실에서 같이 살고 있는 다른 곰팡이들에 따르면, 과학자들이 극한 환경에서 우리를 데려와서, 사람들에게 유용하게 쓰일 수 있는 물질들을 찾아내는 연구를 한다고 하더라고. 나는 세균을 억제하는 물질을 만들지만, 비만을 예방하는 물질을 만들거나, 암세포 증식을 억제하는 물질을 만드는 곰팡이들도 있어. 조용하고 평화롭게 살고 있던 내가 이만큼 유명하게 된 건 이곳에서 일하는 과학자들의 덕분이라고 생각해.

곰 박사의 연구 노트 ## 과학자들에게 노벨상을 안겨 준 곰팡이들

노벨상에 대해 들어 본 적이 있지요? 1800년대 말 스웨덴의 발명가인 알프레드 노벨이 만든 국제적인 상입니다. 생리의학, 문학, 화학, 평화, 물리학, 경제학 분야에서 인류에 공헌한 바가 크다고 인정되는 사람들의 업적에 감사하고자 만든 상이지요. 해마다 노벨상을 수상한 사람들은 전 세계적으로 많은 언론과 사람들의 관심을 받습니다. 그런데 왜 갑자기 노벨상에 대해 얘기하느냐고요?

바로 곰팡이 연구를 통해 노벨상을 받은 과학자들을 소개하고 싶기 때문입니다. 이들은 모두 생리의학 부문에서 노벨상을 수상하였습니다. 첫 번째 수상자는 영국의 알렉산더 플레밍입니다. 이미 소개한 바와 같이 페니실리움 크리소게넘으로부터 페니실린이라는 항생제를 발견하여 많은 환자들의 목숨을 구한 공로로 1945년 노벨상을 탔습니다. 두 번째는 미국의 조지 비들과 에드워드 테이텀으로, 붉은빵곰팡이인 뉴로스포라 크라사를 이용하여 '하나의 유전자, 하나의 효소' 이론을 세운 공로로 1958년 노벨상을 수상하였습니다. 비들과 테이텀은 뉴로스포라 크라사의 유전자를 변형시켜 돌연변이를 만들고, 이 돌연변이들의 대사 작용에 어떤 문제점이 있는지 관찰하였습니다. 이를 통해 하나의 유전자가 변형되면 하나의 효소에 문제가 생기고, 이에 따라 복잡한 대사 경로 중 특정 단계의 기능이 고장 난다는 결론을 얻었습니다. 이 연구는 분자생물학의 중요한 토대가 되었습니다.

가장 최근의 수상자는 미국의 릴런드 하트웰, 영국의 티모시 헌트와 폴 너스로, 이들은 분열효모를 이용하여 세포주기의 주요 조절자를 밝혀 2001년 노벨상을 수상하였습니다. 세포주기란 한 세포가 성장하고, DNA를 복제하고, 분열되어 새로운 세포를 생성하는 주기입니다. 세포주기가 어떤 인자에 의해 어떤 방식으로 조절되는가는 세포로 이루어진 모든 생물에게 매우 중요한 문제입니다. 한 예로 암세포는 세포주기가 제대로 작동하지 않아 정상 세포보다 왕성하게 자라며 암을 전이시키는 것입니다. 분열효모 연구를 통해 밝혀진 세포주기 조절 메커니즘은 곰팡이뿐 아니라 식물, 동물, 그리고 인체의 세포주기를 이해하는 데 중요한 정보로 이용되고 있습니다.

작별 인사

곰팡이를 대표하여 이 책의 이야기꾼으로 뽑혔을 때의 흥분이 아직 생생한데 벌써 작별할 시간이 되었다. 내가 곰팡이로서 여러분에게 전달하고자 했던 것은 이렇게 다양한 모습의 우리가 여러분의 주변 환경, 나아가 생태계와 밀접하게 연관되어 있다는 점이다. 이런 거창한 것들이 아니더라도 여러분이 나의 이야기를 듣고 즐거웠다면 난 그걸로 만족스럽다.

만약 좀 더 욕심을 낸다면 여러분이 우리와 관련해서 생각해 봤으면 하는 점이 있다. 그것은 현재 여러분이 어떤 곰팡이에 대해 갖고 있는 의미가 이득이 되거나, 해롭거나, 혹은 관심이 없거나 중의 하나이더라도 그 의미는 언제든 변할 수 있다는 것이다.

기회병원성 곰팡이를 예로 들어 보자. 기회병원성 곰팡이는 어디에나 있는 만큼 여러분이 이들을 만나지 않고 살아가는 것은 불가능하다. 여러분이 건강할 때 이들의 병원성은 의미가 없다. 하지만 여러분의 면역력이 약해지면 기회병원성 곰팡이는 위험한 존재가 된다.

양서류에게 위협이 되고 있는 곰팡이도 마찬가지이다. 이 곰팡이는 원래 양서류에게 별다른 영향을 미치지 않고 자연에서 살아왔다. 그러나 국가 간 야생동물의 수출입이 늘어나고 환경오염이나 지구온난화, 혹은 아직 밝혀지지 않은 이유 때문에 중요한 동물병원성 곰팡이로 자리매김하였다.

식용 단백질을 만드는 데에 이용되는 붉은곰팡이 종도, 사람들의 식생활이 바뀌면서 동물성 지방으로 인한 건강상의 문제가 심각해지고 육류 소비에 대한 인식이 달라지면서 예전보다 더 주목을 받게 되었다.

곰팡이독소나 병원성 곰팡이 감염의 문제도 사회로부터 자유로울 수 없다. 식량이 부족한 국가들의 경우 식량을 확보하는 일이 급하기 때문에 곰팡이독소에 감염된 식물에 대한 대책을 마련하기 힘들다. 크립토코커스 감염은 에이즈 환자들에게 치명적인데, 새로운 에이즈 치료제를 처방받은 선진국의 환자들에게는 크립토코커스 수막염이 줄어들고 있지만, 치료제를 처방받을 수 없는 아프리카의 많은 에이즈 환자들은 여전히 크립토코커스 감염으로 목숨을 잃고 있다.

즉 여러분 개인의 건강 상태, 자연환경의 변화, 혹은 사회, 경제, 문화적인 상황에 따라 조용히 살아가던 곰팡이들이 인간

세상에 이름을 알리게 된 것이다. 이뿐 아니라 우리 중 몇몇은 곰팡이 살균제에 맞서 자신을 변이시킴으로써 내성을 가진 위협적인 곰팡이로 탈바꿈하기도 한다.

이처럼 각각의 곰팡이들이 사람들에게 가진 의미는 그 의미가 긍정적이든 부정적이든 계속해서 변화하고 있다. 따라서 여러분이 우리, 나아가 생물들을 생각할 때, 한쪽으로 치우쳐서 바라보기보다는 '큰 그림'을 통해 이해했으면 좋겠다.

이 책에서 소개하지 못한 내 가족, 친척, 친구들이 아직 많다. 이들은 이 책에 자신들에 대한 이야기가 포함되지 않았다는 소식을 듣고 매우 아쉬워하였다. 하지만 난 이들 중 몇몇이 언젠가 또 다른 의미로 여러분의 관심을 끌게 될 것이라고 믿는다. 그때가 언제가 되었든 여러분이 우리에게 갖는 관심이 계속되기를 희망한다. 안녕.

– 2019년 아스퍼질러스 니둘란스로부터.

생각한다는 것
고병권 선생님의 철학 이야기
고병권 지음 | 정문주 · 정지혜 그림

탐구한다는 것
남창훈 선생님의 과학 이야기
남창훈 지음 | 강전희 · 정지혜 그림

기록한다는 것
오항녕 선생님의 역사 이야기
오항녕 지음 | 김진화 그림

읽는다는 것
권용선 선생님의 책 읽기 이야기
권용선 지음 | 정지혜 그림

느낀다는 것
채운 선생님의 예술 이야기
채운 지음 | 정지혜 그림

믿는다는 것
이찬수 선생님의 종교 이야기
이찬수 지음 | 노석미 그림

논다는 것
오늘 놀아야 내일이 열린다!
이명석 글 · 그림

본다는 것
그저 보는 것이 아니라 함께 잘 보는 법
김남시 지음 | 강전희 그림

잘 산다는 것
강수돌 선생님의 경제 이야기
강수돌 지음 | 박정섭 그림

삼국유사,
끊어진 하늘길과 계란맨의 비밀
일연 원저 | 조현범 지음 | 김진화 그림

종의 기원,
모든 생물의 자유를 선언하다
찰스 다윈 원저 | 박성관 지음 | 강전희 그림

너는 네가 되어야 한다
고전이 건네는 말 1
수유너머R 지음 | 김진화 그림

나를 위해 공부하라
고전이 건네는 말 2
수유너머R 지음 | 김진화 그림

독서의 기술,
책을 꿰뚫어보고 부리고 통합하라
모티머 J. 애들러 원저 | 허용우 지음

우정은 세상을 돌며 춤춘다
고전이 건네는 말 3
수유너머R 지음 | 김진화 그림

대화편,
플라톤의 국가란 무엇인가
플라톤 원저 | 허용우 지음 | 박정은 그림

감히 알려고 하라
고전이 건네는 말 4
수유너머R 지음 | 김진화 그림

아Q정전,
어떻게 삶의 주인이 될 것인가
루쉰 원저 | 권용선 지음 | 김고은 그림

언제나 질문하는 사람이 되기를
고전이 건네는 말 5
수유너머R 지음 | 김진화 그림

나는 곰팡이다

2019년 1월 15일 제1판 1쇄 발행
2021년 7월 25일 제1판 3쇄 발행

지은이   정다운
펴낸이   김상미, 이재민

편집   김세희

종이   다올페이퍼
인쇄   청아문화사
제본   길훈문화

펴낸곳   너머학교
주소   서울시 서대문구 증가로 20길 3-12 1층
전화   02)336-5131, 335-3355 팩스 02)335-5848
등록번호 제313-2009-234호

너머북스와 너머학교는 좋은 서가와 학교를 꿈꾸는 출판사입니다.